魔法森林

诗意地构建时间开始之前的世界

ENCHANTED FORESTS

The Poetic Construction of a World before Time

Boria Sax

[美] 博里亚·萨克斯——著

王秀莉——译

北京联合出版公司
Beijing United Publishing Co.,Ltd.

献给那些生活在“我的树林”中的树

树林并不是我的，而是它们的。

献给生活在各自的树枝、罅隙、洞穴、隐蔽处的

动物们、植物们和菌们。

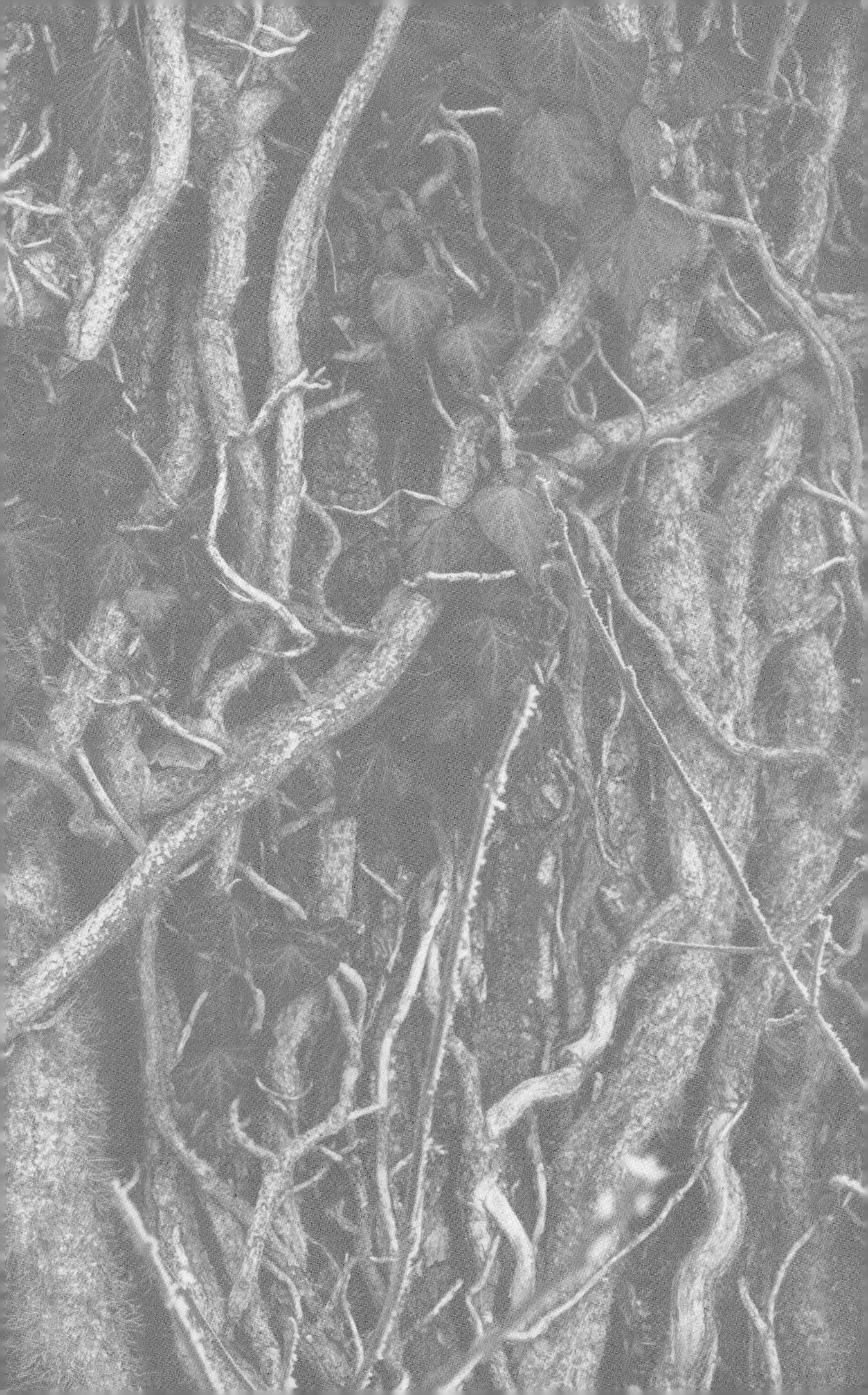

目录

作者萨克斯产业上的沙万甘克溪风光。

引言　森林与记忆

在一棵枝叶铺展的栗树下
立着村庄的铁匠……
——亨利·沃兹沃斯·朗费罗《乡村铁匠》

1914 年，我的祖父伯纳德·萨克斯从俄国移居到美国。他干过几年室内装潢，然后为俄国新成立的布尔什维克政府工作，帮他们售卖从沙皇宫殿中收缴到的古董，由此赚了些钱。他与妻子布卢玛买下了一些抛荒的农田，价格低廉，几乎可以说是免费的。那片土地被一些俄罗斯犹太人——主要是共产主义者——当作一个缓冲区，保护自己免受充满威胁的外部世界的冲击。他们就仿佛是一群鸟，被狂风暴雨吹打得偏离了飞行路线，突然之间来到一片陌生的区域，恐惧捕食者，只想寻找一处森林掩护的安全之所。

对儿时的我来说，那片树林似乎是无边无际的。在林中走上几步，时间和距离似乎便失去了意义，尽管地上可能会冒出一颗流弹或一个啤酒罐，提醒我“文明”并不是真的那么遥远。过去几十年中，这片土地偶尔会收木材。偷猎者、情侣们和邻居们会在林间散步，不过在大约五十年的时间里，我可能是唯一一个试图去反复探索它的人。现在，那块土地的一部分，80 多英亩，已经传给我了，它和过去一样美好，也和过去一样无利可图。

当你开始认识一片树林时，有几棵树会最先脱颖而出。自史前时代以来，树木一直被当作地标，或被用于纪念过去的事件，尽管许多关联可能只是传说。比方说，菩提树，佛陀曾在树下打坐并开悟；安克尔维克紫杉，约翰国王曾在这棵树下签署“大宪章”；大橡树，罗宾汉和他的部下在树下集结；皇家橡树，英格兰的查理二世曾藏身树上，躲避克伦威尔士兵的搜捕；布雷斯顿橡树，亨利四世在签下《南特敕令》后亲手种植。

与树有关的，不仅仅是历史大事件。自古以来就有一种习俗，恋人们在山毛榉树皮上刻下名字或名字的缩写，通常还会刻上一颗心将名字圈起来。这种做法曾被许多文人描述：奥维德、卢多维科·阿里奥斯托、威廉·莎士比亚等等。[1] 托马斯·哈代的诗《在风雨中》如此结尾：

啊，不；一年年，一年年；
雨滴犁过他们刻下的名字。[2]

那些名字随着树木生长，也随着树木腐烂，遭受着各种天气、昆虫、雷电的摧残，但也许注定要存留很久很久。

我的那块地有一份1933年的地契，上面引用了1845年的一份土地勘测档案。档案一开头勾勒了这份地产的边界："从'梨树'处开始。"接着又提到了另一处树木标记："桥边的一个栗树树桩。"此外，还有两处提到了特定的白橡树。[3] 所有这些树木都是为当地人熟知的，所以用它们来划定界限是具有法律权威性的。我曾经试图去寻找那棵梨树，但一无所获，甚至没有找到它残留的痕迹。然而，帮我管理产业的护林员安东尼·德尔·韦斯科沃对我说，如今仍然可以按照地契中描述的边界走上一圈。

欧洲浪漫主义的画作和诗歌偏爱一种森林，那种森林几乎是原始的，但包含着能令人想到的那些逝去的文明元素。巨大的树木旁边是杂草丛生的废墟，通常是教堂、城堡、古庙这种曾经威严的建筑遗迹，往往只剩下一堵墙或一根柱子。有的艺术家可能会描绘月光照射进光秃秃的格栅，而那里曾经是装有彩色玻璃的窗户。美国东北部的森林本身就用各种各样的方式证明了这个模式。东部的森林，如果从稍远的地方看，可能像是无人踏足过的荒野，但是其中有很多昔日用来分割田野的石墙。不过，这里坍塌的建筑物遗迹要比欧洲森林中少得多，

让·奥诺雷·弗拉戈纳尔，《纪念》，约1776—1778，木板油画。

左图 《美国恋人》，19 世纪末或 20 世纪初的明信片。
右图 纽约州的山毛榉树及树上的涂鸦。

因为早期的殖民者主要将木头作为建筑材料，使用频率远远多于石头，木材似乎取之不尽用之不竭。所以，在美国很多谷仓、棚屋、堡垒、房屋都崩解了，几乎没有留下一丝痕迹。

欧洲浪漫主义画作中包含的元素常能令观者联想到人类的冲突，与此类似，美国的森林受到人类贪婪的影响。人们可能会认为废墟见证了与不可抗拒的逆境对抗的悲剧性的生存斗争，但实际上这种情况很少发生。从 16 世纪到 18 世纪，欧洲殖民者赶走了美洲原住民，宣称土地是他们的。然后，在 19 世纪和 20 世纪初，他们又抛弃自己的农场，向西迁徙，寻找更多的财富。森林很快重新覆盖了荒废的农场。我住在纽约州，这里以那座同名的大城市而闻名，但目前全州森林覆盖率约为 65%，是 19 世纪末的 3 倍多。[4]

关于美国东北部林地的书面记录极其稀少。我经常去纽约植物园，那里有一片名为“塞恩家族森林”的区域，据说是纽约市区现存最大的“处女林”（如今看来这个术语本身是有争议的）。“处女林”曾经是指面积广阔且从未被人类踏足过的树林，有点像是神话中的伊甸园。而在观光指南上，纽约植物园对“处女林”的定义是：根据以往记录那些从未被砍伐过的区域。哪怕是纽约植物园本身，即便它拥有大量资源，身处纽约——甚至是全世界——访客最多的地方，可能也无法确切地说出自身所在的那片土地上的树木是否曾经被砍伐过。我和很多纽约州的土地所有者讨论过这个问题，他们能找到的关于自己土地的早期历史都非常少，甚至很多都查无所获。我们美国人与过去割裂得实在太严重了！

为什么如此缺乏记录呢？一个原因是，土地所有权在旧大陆往往被当作一种遗产，而在新大陆则更常被当作一种商品，可以在合适的时机进行交易。在很多美国人心中，产业的继承是与贵族秩序关联在一起的，而他们来到新大陆正是为了逃离这种秩序。他们往往不会种

20 世纪初一个美国家庭在森林中一棵有纪念意义的树前合影。

下树木留给自己的后代去欣赏，也不会记录财产的详细历史。

另一个原因是所谓的“植物盲”。这并不是说人像植物一样盲目，没有视力，事实上，植物能迅速对光做出反应，一点都不盲目。这个术语最初是由詹姆斯·H. 万得瑟和伊丽莎白·E. 舒斯勒提出的，发表于 1999 年 2 月《美国生物学教师》的一篇特约评论中。两位作者给出的定义是“错误地以人类为中心评价植物，认为植物不如动物，因此不值得关注”。他们说，人们经常注意不到植物，欣赏不了植物的品质，也认识不到它们对人类的重要性。[5]

两位作者最担忧的是植物在科学课堂上被忽视，不过植物盲的概念对于历史也同样重要。森林是一片模糊的棕色和绿色，人们认为它们超越时间的影响。一直到最近，森林里的变化依然不会被严谨地记录下来，主要是因为人们倾向于认为森林会回归最初的原始状态，并永远持续下去，这便是 20 世纪初弗雷德里克·克莱门茨提出的“顶级森林”状态。克莱门茨是很有影响力的美国园艺文化学家，他将森林的发展比作有机体的生长，但他并不认为森林会受到衰老和死亡的影响。[6] 反而会像神一样，永远保持全盛期。

在一百多年前的出版物中，我发现了一些简要的文字隐约指向 18 世纪时我的产业中的一座工坊，不过并没有具体说明到底是锯木厂还是谷物磨坊，又或者是其他。在两条溪流交汇处有一片区域，溪水从岩石倾泻而下，是建造大型磨坊的理想之地。旁边的公路上还有一段长长的向下的斜坡，顺着斜坡无论是将原木滚下去还是将谷物运到磨坊都是很轻松的。每次我去探访这处产业时，都会四下搜寻，希望一场暴风雨、一次涨潮、一棵倒下的树或纯粹的偶然也许能暴露出一些建筑遗迹，比如一块磨盘或一个棚屋的地基。但至少到目前为止，那个工坊依然无迹可寻。

然而，这片土地本身的历史要比写在文件和书本上的更丰富。在我的产业中发现过箭镞等美洲原住民的手工制品，还有许多很难确定年代的陶器碎片。一百多米长的石墙蜿蜒穿过，表明这里曾作为农场经营。被沉重铁链固定在地面上的两个水泥制的牛奶冷却器的残骸告诉我，这里曾经被用作牧场。

我遇到过放在树枝上的鹿头骨，离得近了看起来像是妖怪。这是什么不为人知的民间习俗吗？是恶作剧吗？如果这些头骨是为了把鹿吓跑，那肯定失败了；如果它们是为了吓唬擅自闯入的人，有时可能会奏效。我不知道是谁把头骨留在了那里，但有一个猜测：那是一个壮实魁梧的农民，曾经为我祖母照管产业。他的言谈举止非常有礼貌，甚至可以用恭敬来形容，但过度的控制有时暗示着潜在的暴力。他喜欢突然掏出枪来打老鼠，给他养在家里的宠物猫头鹰吃，这样做其实主要是为了吓唬城里人。他死后，我才得知他曾被指控犯有谋杀罪，而且极有可能真的犯了罪，但由于使用的子弹从当地治安官的办公室神秘消失，此案也就无疾而终了。这就是森林的秘密。

一阵风穿过森林，每一片树叶都成了一段回忆。早期定居者对美洲的记述道出了丰富多彩的生活，这里似乎是一个奇迹。你只需要把手放在溪水里，鱼儿就会游到你手里。鹿和火鸡不仅数量众多，而且似乎会主动向猎人献身，邀请他们来猎杀自己。成群的鸟儿多得难以计数，向空中随意开上一枪，就能打下几只鸟来。[7]

回报无疑被夸大了，也许是由于美国人天生就喜欢夸张，这种夸张目前仍然充斥在我们的广告中。当然也可能是为了吸引新的殖民者。不过这些丰富多彩的描述是有经验基础的，其中很大一部分要归功于原住民管理森林的方式，他们也许是有目的的管理，也许只是无心之举。大多数景观历史学家认为，原住民们故意点燃森林大火，不仅是为了清空土地以作为村庄和农业用地，而且也是为了管理猎物，[8] 尽管这个论点一直受到质疑。[9] 大火，无论是来自闪电、意外，还是有意创造，都无疑清除了森林中的灌木丛，使大地呈现出公园般的外观。

最终，当土壤开始干涸时，原住民们就会迁徙，这片地区可能会重新森林化，或被另一个族群接管。如此就创造出了一种由树龄不均的森林、草地和过渡区域组成的拼图，其中可能有大量的动物和植物茁壮生长着。20 世纪初，殖民者认为原住民本质上是森林中的一种自然力量，而森林在欧洲人到来之前从未改变过。然而，原住民在现在的美国东北部利用空地进行农业生产的历史貌似至少能追溯到哥伦布到来之前的大约五百年。[10]

美洲原住民和欧洲来的殖民者都只代表了美国东北部森林漫长历史的一个篇章而已。大约一万两千年前，冰川消退后，最初的森林形成，主要由松树和冷杉组成。过了两千年后，桦树变得很普遍，[11]随后橡树、枫树、山毛榉树和山核桃树也都纷纷出现。栗树直到大约三千年前才登场，[12]但一度成为林冠层中的霸主，只是在20世纪初被一种从东亚传入的病原体几乎完全消灭。

我的那块土地位于大西洋迁徙通道之上，这是一条鸟类迁徙的路线。它们的基本路径在更新世末期就已经确定。美洲原住民使用的空地可能为草原物种提供了休息的场所，从而帮助它们顺利完成艰难的旅程。如今，由于光污染、噪声污染和电网造成的迷失方向，以及栖息地被破坏和气候变化等，鸟类的迁徙越发困难。

树木每年都会在树干的直径上增加一圈年轮。夏末新细胞密集生长，会形成一条深色的线。当水分、养分和光照充足时，生长会更旺盛，年轮也会更粗。当树木遭受火灾等灾害的破坏时，会留下明显的疤痕。风、日照的模式、邻近树枝的重量和其他因素都会使年轮不对称。生长模式不仅能告诉科学家关于树木的信息，还能告诉他们许多关于气候、天气和森林中其他状况的信息。

动物映射出的似乎主要是短暂的人类情感，如娱乐、恐惧或好奇。相比之下，树木则会告诉我们一些关于持久的激情，说得更宽泛一些，是关于人类状况的事情。树木有它们自己的个性，比人类更鲜活。它们用疤痕、曲折、断裂和生长方向的变化来讲述自己的历史。它们讲的是面对逆境时的决心。正如赫尔曼·黑塞在他的随笔《树，当我们看一棵新伐倒的树的树桩》中所写的那样："年轮和畸形如实地记录了所有的努力，所有的疾病和痛苦，所有的欢乐和繁荣、歉收和丰年、经受的打击和挺过的风暴。"[13]

莫里斯·梅特林克在描述法国戛纳地区卢普河峡谷中的一棵百年月桂树时写道："从它扭曲的——甚至可以说是盘绕的——树干上，很容易读出它艰难而顽强的一生的所有故事。"一颗种子落在一处险峻岩石的裂缝中。它长出一根细细的茎，向外生长，垂向水面，但后来又扭转向上，面向太阳，和原来的方向形成了一个锐角。与此同时，"一个隐藏的溃疡在深处啃噬着将它支撑在空中的悲惨手臂”。在树干转向的位置上方高出很多的地方，它又发出了两条新的根，将它牢牢地固定在花岗岩峭壁上。梅特林克问道：“这些无声的戏剧，对于我们短暂的生命来说实在太过漫长，有什么人的眼睛能够继续见证它们呢？”[14]

对湖底积聚的含有花粉颗粒和灰烬的沉积物进行分析，可以相当精确地估测出森林的树种结构和火灾的发生频率。目前还没有类似的方法来测量过去时代动物群落的相对密度。但是，由于不同时代不同树木的相对数量变化很大，因此依赖它们生存的动物的相对数量很可能也是如此。无论如何，我个人已经看到野生动物数量在大幅下降。在我童年时，能看到河里几乎每一块大石头上都栖息着一只龟，但最近这十多年来，我一只也没遇到过。

自从欧洲人到来后，北美森林的多样性一直在降低。原因有很多，包括大规模皆伐和过度狩猎。森林不断被分区、公路、农业等分割开来，导致动植物种群被隔离开，无法轻易适应变化。树木们遭受了一系列外来寄生虫和病原体的攻击，似乎无穷无尽，包括舞毒蛾（第一次出现于 1869 年）、栗疫病（约 1900 年）、山毛榉树皮病（1920 年）、荷兰榆树病（1928 年）、灰胡桃溃疡病（1967 年）和白蜡窄吉丁（2002 年）。今天的森林从来不是在最肥沃的土地上，因为沃土是为农业保留的。旅鸽的数量曾一度多到经过的鸽群可以连续好几天遮天蔽日，大量的粪便为土壤提供了肥料，但在 19 世纪和 20 世纪初，这种鸟被猎杀至灭绝。留给今日我们的森林的美好都笼罩着一种失落之感。

千百年来，人们将自己的恐惧和希望投射到森林上。然后，他们又竭力掩盖、否认或忽视自己造成的影响，把所有的功劳和错误都推给大自然。森林是人类的畸形替身，在某些方面与人类截然不同，而在另一些方面却深具人性。森林揭示出我们对自然的无数看法，有的恐怖骇人，有的充满乡野诗意，不一而足。我们在看待森林时既怀着强烈的恐惧，也有着深沉的渴望；我们时而摧毁森林，时而崇拜森林。

有历史背景的林业人员只需通过检查树木就能知道过去这片土地上发生过的许多事情。不仅包括人类活动的具体信息，还包括火灾、洪水、飓风等等。森林似乎抹去了过去，但又微妙地以各种形式保存了过去，如陶器碎片、花粉颗粒、废墟遗迹、小路、引入的植被、树皮上零零落落的痕迹和疤痕。我的树林是原住民、殖民定居者、农民、共产主义者、龟、候鸟和鹿的继承者。为了纪念所有这些错综复杂的遗赠，当我也成为其中一环时，我希望这片树林能成为一个野生生命保护区。

1 木与叶

语言是诗歌的化石。

——拉尔夫·沃尔多·爱默生

在犹他州有一片占地 106 英亩的美洲颤杨，被称为潘多（Pando），这片树的基因完全相同，由单一根系孳生而成。它可以追溯到最后一个冰河时代末期，即大约 1.45 万年前。当一根树干倒下时，树冠层会出现一个空隙，阳光便会促使其他树干萌发新芽。如果你从 DNA 的角度来看，这一片树只是一种植物，但如果你从茎的数量来看，它是 4700 棵树。[1] 每一棵都有独特的轮廓，这在很大程度上取决于它与水和阳光等元素的位置关系。在漫长的历史中，潘多挺过了许多变故，包括火灾、干旱和欧洲人的到来。现在威胁它的是大量的鹿，这些鹿会啃食新芽。即使是潘多也不会永远存在，但它的消亡过程会是缓慢且模糊难辨的，如此的死亡过程应该被称作死亡吗？我们应该称潘多为一片森林还是一棵树呢？

树叶是树的一部分还是独立的存在？风把它从树枝上撕扯下来后，它可能还会活很长时间。从树根长出的第二根树干又该怎么归类呢？它是原树的一部分还是另一棵不同的树？可能属于不同物种的两根树干长在一起，形成看起来像一棵树的形状，这又该叫什么？是一棵树还是两棵树？橡子呢？花呢？还有菌根真菌呢？它们有的从树根里生长出来，有的紧紧包裹在树根周围，并与树木的生物学关系密切，我们甚至很难把它们和树本体区分开来。

一棵树大约有一半在地下，以根的形式存在。新芽可能从根部萌发，也可能从树桩上萌发，甚至倒在地上的树的枝条也可以发芽。即使这种情况没有发生，你也不能说这棵树“死了”。它仍然是无数生命的宿主，在许多情况下，这些生命都与它几乎密不可分。这些生命可能包括鸟类、地衣、真菌等。当然没有瞬间的死亡，而是植物的个体存在被整个森林慢慢吸收。

当独立身份如此不确定时，关于自然界中生物是更具竞争性还是更具合作性这个老问题就不再有意义了。它们既可以是竞争性的，也可以是合作性的，这取决于你如何界定每个生命的起点和终点。如果你把潘多看作是一组独立的树木，那么它们是在竞争光线；如果你认为潘多是一棵有许多分枝的树，它只是在调整自身以适应不断变化的环境而已。

树的智慧

树木没有大脑，除非人们将树的整个生命视为一种大脑。树根和树枝的结构很像神经网络。树根和由菌根真菌构成的网络不仅是养分、水分、碳和矿物质的通道，也是化学信号形式的信息的通道。这些信息可以在一棵树和它的后代之间传递，也可以传递给其他树木，甚至传递给其他物种。例如，当一棵树受到蚜虫攻击时，它就会告诉周围的树，这些树会立即做好化学防御准备。延时摄影能够将数月甚至数年的时间浓缩为几分钟，在如此拍摄出来的影片中，树木显得生机勃勃，目标明确。

正如当代植物学家史蒂文·曼库索所说：“如果植物有眼睛、耳朵、大脑和肺，我们就不会质疑它们是否能看、听、评价或呼吸。由于它们没有这样的器官，我们就需要努力发挥想象力来理解它们的复杂能力。”[2] 有许多种植物，如果有蝴蝶在它们的叶子上产卵，它们便会分泌一种信息素来吸引黄蜂，黄蜂会吃掉蝴蝶幼虫，这直接表明了植物不仅具备立即做出反应的能力，还具备提前计划的能力。[3] 作为一种生存策略，这种行为本身是聪明的，但植物聪明吗？让我们犹豫地说出“是”的原因是植物缺乏那种会被我们人类认为是智慧的个体自我。正如曼库索所言：“即使是我们用来描述动物的‘个体’的定义，也基本不适用于植物世界。”植物与动物截然不同，植物可以分裂成两部分或更多部分而不会死亡，而且植物也不是每个都有独特的基因特征。[4]

动物主要通过改变自身位置来逃避风暴或捕食者的威胁。植物因为有根，所以无法做到这一点。取而代之，它们对环境中的细微差别非常敏感，如阳光、可利用的水、土壤成分、气温、大气、化学物质和物理接触。它们利用这些决定自己生长的速度、模式和方向，以及何时激活化学防御。[5] 中美洲的金合欢树分泌花蜜来吸引切叶蚁，从而保护树木免受病原体的侵害。有时候，植物对刺激的反应非常直接迅速。例如：牵牛花早上开放，晚上闭合。而且，植物具有模块化结构，可以相对容易地替换损失的部位。

动物的身体，尤其是人类的身体，是分层级组织的，通过大脑和心脏等器官集中控制。这也是我们在官僚组织结构中再现出来的模式，每个人都被分配了特定的角色、地位和相应的权力。但是，很难说清楚植物和动物之间的差异有多少是视角造成的错觉。如果仔细观察，人类的有机体似乎也并不那么统一。人体内约有 90% 的细胞不含人类 DNA，而是属于微生物。[6] 至于精神自我，笛卡尔认为它是不可分割的，[7] 但许多其他理论家将其分为几个部分，如意识、半意识和潜意识。

在某些方面，人类的成就也可能比我们通常认为的更具集体性。自文艺复兴以来，西方传统一直强调个人成就，法律使个人成就获得专利成为可能。然而，像针、轴、滚筒和轮子这样的基本装置无法追溯到单独的发明者。后来的发明，如避雷针和蒸汽船，都是多个地方同时发明出来的。照片和手机等发明是逐渐出现的，一步又一步经历了诸多的阶段，要挑出一个特定的发明者是相当武断的。科学发现也是如此。莱布尼茨和牛顿同时发展出了微积分，华莱士和达尔文同时形成了自然选择的理论。今天，大多数科学论文的作者都不是单独的一个人，而是有多位共同作者，也许有七八个，而维基百科有数百万共同作者。

植物性组织也能在动物中找到对应结构，动物们会形成群，蜂群、鸟群、羊群等。有些动物，如椋鸟的群，没有首领，而是依靠集体导航。人类也是如此，个体划分远非绝对。根据圣保罗的说法，丈夫和妻子成为“一体”（《以弗所书》5:31）。关于胎儿何时是孕妇的一部分，何时成为一个独立的生命体，一直都存在争议。像部落、国家、文化体、公司等单位，可以被认为是为了特定目的而存在的个体集合，换一个背景也可以认为是有机的整体。它们可以拥有产业、发表声明或参与仇恨。

一种构想树木或森林的方法是将其视为一个没有观察者的感知之地，没有头脑的思想之地，没有梦想者的遐想之地。这会令森林显得更原始，是世界之初原始混沌的化身。它奇异地徘徊在神性与虚无之间。生命和死亡融合在一起，因为森林中的有机物质不断循环利用，各种生命形式不断结合、分离、吸收或融合。森林中无数的树叶可以暂时混合在一起，由此产生一个声音，通常是随风起伏的轻柔轰鸣声。

但是植物是无私的吗，或者至少看起来是无私的吗？没有主人公你能有故事吗？没有角色可以有戏剧吗？在某些方面，人们对植物的认知似乎都因其缺乏个性而受到限制，但在另一些方面，人们对植物的认识却更具普遍性。没有什么是只与植物有关的。一切认知都与世界有关。如果树木不受虚荣心或嫉妒心的影响，它们的感情（如果有的话）可能具有我们甚至其他动物所缺乏的那种纯洁性。哲学家迈克尔·马尔德认为：“植物体现了人类梦寐以求的那种超脱，对他者、美或神性的超然的愿望。”[8]

但也许树木与人类并无太大不同，它们实际上也有一种随着生长而不断变化的自我意识。或许它们以我们难以想象的方式构建了这种自我意识。矛盾的是，树木的轮廓通常远比人类更加独特。当人们在大树间行走的画面被画下来或拍摄下来时，轮廓的对比常常令人与人看起来十分相似，形象非常单调。我们常常将直立的姿势作为人类的一种骄傲，而树干却可以向任何方向倾斜、扭曲或分裂，与此相比，我们的直立姿势几乎没有什么特别。即使当农民将树木种植在整齐排列的果园中，那些树也不会彼此非常相似。

20 世纪后期，学者们越来越多地注意动物经验的感知和感觉的巨大范围。一种常见的应对是将社会结构扩展到人类领域之外，特别是赋予动物权利。但这也意味着现代个体主义的延伸。我们现在面临的是一个类似的问题，因为我们开始明白这种认知的丰富性可能不只属于动物，同样也是植物共有的，但要把个体主义精神延伸到植物的领域是更加困难的，也许是不可能的。动物权利的倡导者不断模糊人类和动物之间的界限，但他们同时努力加强动物和植物之间的界限。如今，这两个边界都变得不那么清晰了。一些活动者和学者试图通过呼吁“自然权利”来克服这一困难，[9] 但是，如果这一概念被诠释得如此宽泛，我们所讨论的权利还是真的权利吗？

这些现象引发的哲学、社会甚至法律的问题远远超出了本书的范围。个体和群体的权利与特权之间的紧张关系可能贯穿于人类社会。我不想对个体的终极本质发表意见，只想指出森林社会和人类社会之间的相似之处。每棵树都是独立的个体，或者至少是植物界所能提供的最接近个体的存在。森林是一个集体，大概相当于一个民族或一个国家。

混沌与原生

森林是我们在时间之初设定的原始黑暗。森林里到处都是木头，可以变成人们的住所或生火的燃料。它充满了看不见的生命，那些生命与人类不怎么像。森林包含所有的潜能，然而这些潜能还没有被激发出来。在《埃涅阿斯纪》中，维吉尔想象罗马在建城时森林密布。他告诉我们，第一批人诞生于橡树树干。他们以搜寻采集和狩猎为生，使用树枝作为原始武器，他们既不懂礼仪，也不懂文明艺术。被朱庇特贬黜的萨图恩来到人类身边，赐予他们法律，由此开创了一个黄金时代。[10]

人们从树上出现是罗马艺术和建筑的一个装饰主题。此外，罗马人还描绘了各种从树叶和树干中出现的奇异动物形象，如狮身人面的斯芬克斯、狮身鹫首的格里芬和人身鱼尾的特里同。[11] 这表明森林是世界的源头。哥特、文艺复兴、巴洛克和维多利亚等多种艺术风格中均有对这种创世神话的描绘。我喜欢在纽约市的老街区漫步，观察 20 世纪初建筑热潮中出现的建筑物正墙上雕刻的各种奇异形象。

罗马浅浮雕，描绘男孩们以战士和其他形象从植物叶子中出现，正如维吉尔创世神话中的设定。

文艺复兴浮雕，展现一个天使和其他形象从植物叶子中出现。

人类最初从树上出现这个观点在许多其他文化的神话中也可以找到。根据北欧传说，大神奥丁用白蜡树创造了第一个男人，用榆树创造了第一个女人。居住在现在的美国东北部的勒纳普人的一个创世神话讲述第一个男人从树根萌发出来，而当树弯下去，树干触碰地面时，萌发出了第一个女人。[12] 在伊朗的一个琐罗亚斯德教的传说中，第一对人类夫妻最初是一棵有两根树干的树。当这棵植物成熟时，神将两部分分开，并赋予每一部分以单独的灵魂。[13]

一些文化中有关于最初用木头创造人类失败的神话。这些很可能来自非常早期的创世神话，它们被部分否定，然后被后续的神话吸收。危地马拉和墨西哥的基切玛雅人的圣典《波波尔乌》讲述了众神用栓皮槠创造了第一个男人，用柳树创造了第一个女人。结果，他们的种族无法学习文明，无法尊崇神灵的艺术。所以这些人大多被风暴和洪水消灭了，剩下的变成了现在的猴子。[14] 从很早的时代开始，将森林视为创世的原始材料就是贯穿西方文化的一个母题——在一定程度上，也是贯穿世界文化的母题。

英语单词“wood”既可以指森林，也可以指木质材料。希腊语中的同源词是 hyle，具有相同的双重含义。此外，hyle 还指混沌和原始物质。[15] 被我们称为“唯物主义”的哲学，如果去掉附带的抽象概念，其实有些观点就像维吉尔启发出的图像一样，人类和许多神奇的生物最初都是从树林中出现的。hyle 在拉丁语中通常被翻译为 silva，这个词在整个罗马帝国都被广泛使用，直到现代早期仍是 forest 的一个常用的同义词。[16]

森林是植物的领地。生长的过程是生物的标志特点，这在植物身上最容易识别出来，也就是说在森林中最容易识别。正如我们所看到的，对于植物来说，生长几乎等同于诞生。希腊语的 phȳ̃sis 一词大致相当于自然的意思，源于印欧语的 bhu，意思是繁殖、发芽、生长和诞生，尤其是与植被有关的。拉丁语中相对应的词是 natura，原意为诞生，从更宽泛的角度理解，也指生长的力量。[17] 赋予“木”这个词这种原始意义的不仅仅是西方传统。在中国方术中，木是构成万物的五种基本元素之一，另外四种元素是土、金、水和火。每一个元素都是由一个过程定义的，[18] 对于木来说，这个过程是生长，对于火来说是燃烧，对于水来说是流动，这些都是最根本的过程。

根据传说，森林与原始混沌的联系表现在森林经常是怪兽和天才的居住地，其中包括各种各样的龙、食人魔、狼人、巨人和巫师等。根据中世纪的传说，即使是像特里斯坦爵士、兰斯洛特爵士和尤文爵士这样具有良好修养的骑士，当他们生活在森林中时，也会发疯，进而变成野人。

森林与身份

犹太教、基督教和伊斯兰教认为自我是一元的，三个宗教都源于植被相对稀疏的干旱地区。佛教和耆那教认为自我是一种幻觉，它们最早形成于印度的雨林中。森林是自然最丰富的地方，是各种存在、故事和意义的集合体。从树木到鸟类，各种生物不断地相互传递信号。阳光在树叶间反射，水分扩散氤氲，光影变化万端，暗示着转瞬即逝的直觉。树木，尤其是那些枝干虬曲多节的古树，即使没有动作，也能表达很多东西。当一个人穿过森林时，自我便分裂了，不断地与各种动物和植物产生认同。

森林在吸引我们融入生物群落的同时，也对人类社会产生了不利影响。当一小群人进入没有路的森林时，他们必须不断地绕过树木，因此存在看不见彼此的危险。除非森林位于牧场或定居点的旧址上，否则地面也很可能是不规则的。老树倒下的地方会隆起土堆，它们的根会带起土壤。人类的居住地大多沿着笔直的、相互垂直的线建造，但森林主要是由不规则的自然演化曲线构成的。如果被森林的美景或实际的任务分散了注意力，人们很可能会迷路。

当一个人在森林里行走时，他可能会与无数种生命形式发生关系，形式各不相同，有可能作为捕食者，也有可能是潜在的猎物。这种视角的不断变化意味着一种持续的调整，我们可以把这种调整理解为一种变形。[19] 按照生活在墨西哥恰帕斯州森林茂密地区的策尔塔尔玛雅人的观点，每个人都有多个灵魂，最少 4 个，最多 16 个。其中一个有与其传统相适应的形式。其他的灵魂几乎可以采取任何形式，可以是蜂鸟，可以是闪电，也可以是天主教神父。这些灵魂可能分散在大地四处，而在内心深处还有一个灵魂的替身。一个人并不一定知道他的灵魂以何种形式存在，不过有极少数人会在雨林生物中遇到自己的灵魂。[20]

在《森林如何思考》一书中，人类学家爱德华多·科恩结合自己对厄瓜多尔亚马孙河上游的森林居民鲁纳普玛人的研究，详细分析了这种自我观。科恩以美国哲学家查尔斯·皮尔斯的研究为基础，坚称所有的知识和交流，包括人类以外的物种的知识和交流，都是通过姿势动作进行的。在他看来，符号化的语言仅限于人类所有；事实上，它标志着人类领域的边界。但语言只是交流的一种方式，而相当微妙的信息则通过图标信号（命名）或索引信号（关联和分类）在构成森林的无数生物之间不断交换。在森林中，人们像其他生命形式一样，用图像进行思考。在对每种情况做出反应的过程中，一个人会不断地改变自己的个性。身份是一个不断变化的定位点，由与其他物体和生物不断变化的关系决定。

一个鲁纳普玛人告诉科恩，他睡觉时应该脸朝上，这样如果美洲虎来了，他能直视它的脸，从而制止它的攻击。如果脸朝下，美洲虎会把他当肉吃。因此，姿势传达了捕食者和猎物身份之间的变化，森林社区的许多成员可能都注意到了这一点。[21] 对于亚马孙地区的原住民来说，主观性是普遍存在的，因此不存在绝对的死亡。个体性存在于身体之中成为某种类似于“能指”的东西，其意义取决于环境，需要通过类比来理解。人的行为是森林思考所用的语言的一部分。

声音的象征意义

历史学家米歇尔·福柯在《词与物》（法文版，出版于 1966 年）一书中论及意义的力量时最初并不局限于词语，“事物的名称存在于它们所指定的事物中，就像力量写在狮子的身体上，威严写在老鹰的眼睛里，就像行星的影响印在人们的眉毛上一样：名称通过比拟的形式存在”[22]。描述某种事物就是将其定位在签名、类比、共鸣和关联构成的复杂矩阵中，而这种矩阵似乎能够构筑现实。

福柯认为语言功能的变化发生在 17 世纪初，[23] 即莎士比亚时代。在戏剧《皆大欢喜》中，剧作家将语言的新用法与传统用法进行了对比，前者是一种脱离现实的东西，而后者的意义深植于世界之中。当老公爵和他的同伴流亡到阿登森林时，他说：

我们的这种生活，虽然远离尘嚣，
却可以听树木的谈话，溪中的流水便是大好的文章，
石之微，也暗寓着教训；每一件事物
中间，都可以找到些益处来。
（第 2 幕第 1 场）

在宫廷或城市里，意义只存在于人的话语中，但在森林里，它无处不在。在其他地方被人类噪声淹没的非人类声音，在这里显现了出来。

福柯认为，意义对语言的规则是现代思维方式的特征，而现代思维方式可能正在走向终结。[24]这种说法在一定程度上是正确的，不过他将人类经验按历史时代划分，这种分法过于整齐了。虽然重点已经有所转移，但这两种理解语言的方式可能至少从人们第一次开始在泥板上绘制抽象符号时就已经存在了。文艺复兴时期的人们已经开始回望过去，将目光投向了更早的时代，在那个古老的时代，语言几乎还没有独立于世界存在。按照神话的说法，这可能是亚当给动物命名时使用的人类语言（《创世记》2:18–20），也可能是巴别塔出现之前人类的语言（《创世记》11:19）。根据犹太教和基督教的传说，在伊甸园中，第一对男女可以和动物说话，当一个天使用燃烧的剑将他们驱逐出伊甸园后，他们失去了这种能力。巴别塔是第二次陷落，原始语言分裂成部落语言。第一个故事可能是关于农业的出现，第二个故事是关于城市化的。两者都带来了与自然世界的渐行渐远和对人类语言的限制。

这不仅仅是一种崇古怀旧的幻想。民族语言学家布伦特・柏林提出的观点与弗迪南・德・索绪尔、雅克・德里达相反，他认为物体和符号之间的关系绝不是任意的。许多单词听起来就像它们所描述的对象，如 crash（碰撞）。但比听觉相似性（被称为拟声词）更重要的是语音联觉，即声音的象征意义，也就是说，某些单词所具有的能量模式能够暗示其所指的事物。[25]lizard（蜥蜴）一词被大声说出时，声音的律动很像蜥蜴在岩石上奔跑时扭动身体的感觉。这种特质极大程度促进了语言的起源。随着词语越来越脱离自然世界的语境，它们失去了一些语音联觉，不过并没有全部失去。[26]

我们不断地意识到动物和植物一直都在进行交流，有时是在同种系间传承，其交流方式包括化学信号、电子脉冲、颜色、气息、叫声的变化以及很多其他方式，有些是我们难以想象的。这些方式都充满了意义，既有有形的，也有相对无形的，我们在树林中漫步时就能感知到这一点。声音的象征意义不仅限于人类的语言，还可以在森林里的声音中找到，熊的咆哮、画眉的鸣叫，各种声音都蕴含着象征。

总而言之，人类和动物之间的区别并不像笛卡尔及其他许多人所认为的那样，只有人类才有语言甚至抽象能力。对人类来说，尤其是在现代，意义，至少部分局限于语言的意义，与世界的其余部分是分离的。对于动物——也许还有植物——来说，意义蕴含于物体以及各个物体的相互关系中，就像通过诗歌意象传达的明喻、寓言和隐喻一样。因此，鸟类飞行这样的事情就具有某种重大的意义，荷马时代的希腊人便将鸟类的飞行解释为某种预兆。

词语出现前的意义

对于在生活中与森林亲密接触的人来说，森林有着丰富的意义，令人无法抗拒。从但丁时代到今天，西方文化中的人们与森林的接触越来越少，他们一直遭受着意义缺失的痛苦，而这可能会引向绝望。但丁被认为是一位语言大师，但是他的杰作《神曲》的开头所讲述的却是言辞的彻底失败：

> 就在人生旅程的中途，
> 我陷入一片黑暗的森林
> 正确的道路难以寻见。
>
> 唉！我该如何描述那时的情形，那是多么漫长的煎熬。
> 那森林是多么蛮荒、令人痛苦，又仿佛能洞悉一切？
> 我此时回想，心中又重新泛起了恐惧。[27]

但丁在阴郁的树林中，古斯塔夫·多雷为《神曲·地狱篇》所作插图（1887）。

但丁可能从未见过黑暗的森林，因为他的家乡托斯卡纳树木非常稀少。一些学者认为，他可能是在穿过拉韦纳的松树林时有了创作《神曲》的灵感，甚至完成了部分创作。拉韦纳的松树林至少从罗马时代开始就被开采作为木材。波提切利、乌切罗等诸多文艺复兴时期的画家的一些画作背景就是这些树林。它们经过高度开垦，有足够的空间供几匹马和几个骑手轻松穿过。[28] 黑暗森林不是一个真实存在的地方，

保罗·乌切罗《林中狩猎》(15 世纪 70 年代，蛋彩、油彩加金绘制于木板)。这幅画描绘的便是拉韦纳的树林，据说但丁便是在这里产生灵感创作《神曲》。这些树都是被精心照管的，枯枝会被切掉。林中有足够开阔的空地，可以容一大群人聚集，毫无困难。

而是新兴的文艺复兴人文主义的对立面，是一种令但丁失望的传统。

但丁时代的拉丁语和今天一样，有一种正式的优雅，却不太适合表达原始的情感。但丁不得不摒弃这种学术的语言，用日常生活的语言托斯卡纳语写作。由于托斯卡纳语主要是一种口头语言，而非文学语言，充满了与生活经验的联系，从日常生活到政治动荡各种经验都能建立联系，这些联系在维吉尔时代的拉丁语中也有，但随着拉丁语不再作为口头语言，联系便消失了。而浅白的土语依然相对稳固地植根于社会与自然世界中。黑暗森林是语言出现之前的原始状态，但丁在创作他的史诗时不得不重新发明这种原始。他的写作规范了当地之前的方言，托斯卡纳语也就成了我们今天所知的“意大利语”。

为了描述自己的经历，但丁不得不消除由基督教主宰的现在和由异教主宰的过去之间的界限。他让自己接受异教诗人维吉尔的指引，维吉尔曾写过罗马建城时的森林，不过，甚至维吉尔在诗中说的也是托斯卡纳语，而不是拉丁语。为了将维吉尔和其他古代诗人融入中世纪晚期的世界，但丁需要将他们的世界呈现为地狱的一部分。但丁在地狱中增加了一个“极乐园”，这是为地狱中正义的异教徒建造的世俗化天堂，但即使是维吉尔，也不被允许进入宇宙中更崇高的地方。

总而言之，进入黑暗森林，在某种意义上就是回到过去。但丁回到了一个时代，在那个时代，词语还没有与它们所指的事物或传达的意义截然割裂。在森林中，意义不是局限于整齐排列在纸上的符号，而是遍布整个天地。也许林中令人生惧，然而生命与死亡充满了意义，但丁正是因此产生了新的灵感。

为什么森林中的树叶在风中会发出沙沙的声音？我无法知道这有什么特别的功能。我们可以推测，也许这种声音可以向森林社区发送即将出现的天气的信息。我们也可以把这种现象归因于偶然。无论如何，树叶沙沙的声音能令人平静，充满了暗示的力量。也许森林的语言是无法精确翻译的。

2　树的灵性

他举目一望，说：“我看见人，在我眼
中他们好像树木，但在行走。”
——《马可福音》8:24

以色列人被困于埃及之时，摩西和他的兄长亚伦去谒见法老。亚伦按照摩西的指示，丢下手中的杖，杖就变成了一条蛇。法老的法师也做了同样的事情，让他们的杖也变成蛇，但是亚伦的蛇吃掉了其他的蛇（《出埃及记》7:8–13）。亚伦的杖实质上是一根魔杖。为了让埃及人容许以色列人离开，亚伦在摩西的指示下，探出他的杖，把河里的水变成了血。这还不足以令埃及人改变，亚伦又用他的杖制造了另外九场灾难（《出埃及记》7:14–12:36）。

后来，在获得自由后，以色列人内部出现了权力斗争。摩西让十二个族长家庭各拿一根树枝给他，说树枝开花的家族将成为他们的领袖。代表利未家的亚伦的杖直接长出的不是花蕾，而是已经开放的花朵和杏的果实（《民数记》17:8）。根据传统，弥赛亚将出自利未家族，基督徒将开花的杖解释为对耶稣的期盼。中世纪的欧洲艺术家将这个族谱描绘为“耶西之树”，耶西是大卫王的父亲。耶西之树呈现的是树从一个躺在地上的人的身体侧面萌发而出，家族的不同分支是树的枝条，耶稣基督在最顶点处。在 19 世纪和 20 世纪后期，这种树状结构被用来描绘“进化之树”，其中树枝上栖息的不是人而是各个物种，处于顶点的是人类。

蛇的身体由于经常呈现弯曲状态，而且大多是绿色或黄色的，常常被认为是植物。人们有时将它们视为植物和动物界之间的使者。一

《报喜的独角兽》，一部祈祷书中的插图，荷兰，约1500年。在背景中有亚伦的开花的杖，在这里象征着耶稣复活。

阿布索隆·斯图梅，《耶西之树》，1499 年，木板蛋彩画。

克里斯蒂安·冯·梅歇尔,《堕落》, 1760年, 版画, 据汉斯·霍尔拜因画作创作。这里的蛇几乎完全与树枝融为一体。

棵树是一座知识宝库，它通过果实提供知识。即便那棵树不会使用能说出口的语言，但果实本身似乎是一种语言。艺术家们经常刻画缠绕在树上的蛇，将树与蛇描绘得仿如一体。画中的蛇通常正在将一个苹果递给夏娃。

杂交体和异常体

西方文化中人们习惯于将有明显目的的行为归因于智力；对于动物，则归因于本能；而对于植物，则认为这只是一个纯粹的机械过程。在《论灵魂》中，亚里士多德将灵魂区分为三种类型：营养性灵魂，能够生长和繁殖，植物、动物和人类都拥有；感知性灵魂，能够感知和运动，人类和动物拥有；理性的灵魂，能够支持思想，人类独有。[1]

区分动物、植物和人类生活的界限，是西方文化最根本的基础之一。它们深深融入了传统道德哲学和法律体系中，跨越界限可能会使一切陷入混乱，会激发永久的生存的不安全感，因为如此一来，所有生物——特别是人类——都面临着被剥夺存在于宇宙中任何有保障的位置的危险。

根据人类学家玛丽·道格拉斯的说法，不同文化的人都将异常现象（不完全符合公认的分类系统的现象）视为污染，然后以各种各样的方式来应对，从躲避到举办仪式进行净化不一而足。[2] 她写道：“神圣就是保持造物的清晰分类。”[3] 在《申命记》（第 14 章）和《利未记》（第 11 章）中，一系列详细的禁令和指示确证了这些分类。不符合分类的生物被认为是可憎的。例如，猪是不洁的，因为它像牛一样有偶蹄但不反刍，违反了通常的模式。以色列人不可吃这动物，也不可摸它的尸体（《利未记》11:7–8）。[4]

尽管如此，对打破分类学界限来说，不同类别生物之间的杂交或变异形式似乎是不可避免的。总是有许许多多杂交体和异常体——那些生物似乎并不完全符合亚里士多德的三重分类法。从猴子到章鱼等各种动物经常表现出像是人类独有的智慧，令人震惊不已。而同时，由于这样或那样的原因，有些人的行为会让其他人觉得“兽性”。人类身份是不稳定的、多面向的、不确定的，并且容易产生精神杂交。

还有一些生物似乎就活在动物和植物之间的界限上。一些植物具有我们通常认为是动物独有的特征，例如对触碰迅速做出反应，或是吃肉。含羞草是一种原产于美洲热带地区的灌木，哪怕是被手指轻轻一碰，它都会立即合拢叶片并下垂。由于它如此精细敏感，有时被用来代指维多利亚时代的女性，很多漫画中也都会采用这种关联形象。还有食肉的植物，会以昆虫、蜥蜴、青蛙甚至啮齿动物为食。它们像猎人一样，用花蜜、漂亮的颜色和诱人的气味来引诱猎物，然后用一种类似颚的结构将猎物围住。生活在海洋中的无脊椎生物的形态更是多种多样，因而植物和动物之间的区别非常不直观。科学家们现在认为珊瑚虫是动物，但它们保持静止不动，而且生长的模式看起来很像

J.J. 格朗维尔，《含羞草》，手工上色的木刻版画，出自塔克西勒·德洛尔著《会动的花》第二卷（1847 年出版）。

是植物。数百年来，真菌被认为是植物，但现在它们被归为一个独立的门类，更接近动物。

这种异常在传说中也很常见，不过在亚伯拉罕的信仰中不太常见。伊甸园的蛇是《摩西五书》甚至整个《旧约》中唯一一种能自主说话的动物。亚伦的杖以及埃及法师和摩西的杖是仅有的被明确描述的植物和动物的混合体。根据道格拉斯的说法，基督教将神圣的概念精神化，使之可以无视物质环境。[5] 但是，基督教不是简单地忽视异常现象，而是经常把荣耀附着在它们身上，认为它们是证明上帝力量的奇迹。基督教的中心思想也许是可以想象的最伟大的变形。上帝变成了一个会遭受精神痛苦、身体疼痛和死亡的人。

基督与植物和叶之间还有一种强烈的认同联系。正如詹姆斯·乔治·弗雷泽在《金枝》一书中所言，基督是弗里吉亚的阿提斯、埃及的奥西里斯、巴比伦的塔木兹和迦南 / 希腊的阿多尼斯等植物神的继承者。[6] 他就像开花植物一样，死去后又重生。在圣餐仪式中，他的身体被转化为面包——一种用小麦制成的物品；他的血液被转化为葡萄酒——一种用葡萄制成的物品。

民间传说中的植物

在世界各地的民间文学中，植物，尤其是花和树，是有感情的，容易被说服。美国原住民作家约瑟夫·布鲁查克写道："在原住民故事中，人类和动物能够自由交流，甚至在彼此的世界中行走，同样，植物也能够与人类交谈，并以各种方式进入人类的生活中。"[7] 这种互动在美国原住民传统中比在大多数传统中保存得都更好，但在格林童话中也可以找到，如果时间再往前推一些，几乎在全世界都能找到。许多犹太教、基督教和伊斯兰教的传说与美洲原住民的传说一样持万物有灵的观点。尽管人们可能会出于理性而否认自己的"灵力"，但仍然会与宠物和室内养的植物交谈。在现代，万物有灵论在西方文化中监管较少的地带中找到了避难所，比如儿童文学。这种分类上的流动性是人类感知的默认模式，永远不会被埋藏得太深。尽管有人试图压制这种特质，但从古代的以色列到现在的欧洲，它不断重现，每个地方都有其踪迹。

民间传说中的角色可能会在基本类别之间来回转换，开始是一个人，然后变成神、鸟或树，也许只是很短暂的。即使在相对理性主义的希腊和罗马文化中，也有大量关于形象转换的故事。其中的代表是奥维德的《变形记》，一整本书都是关于变形的。整个名单非常长，这里仅举几例：年长的夫妻巴乌希斯和菲利门变成了两棵缠绕在一起生长的树，一棵是橡树，一棵是菩提树；猎人阿克特翁变成了一只被自己的猎犬追逐的雄鹿；阿拉喀涅，一个编织高手，变成了一只蜘蛛；埃涅阿斯，一个特洛伊战士，罗马的建立者，变成了一个神。也有许多介于中间的形象，可能是半神半人，如赫拉克勒斯；也可能部分是动物，如半人马或萨梯（Satyr，半人半羊的森林之神）；还有的角色部分是植物，如名叫达芙妮的宁芙（山林水泽中的仙女），她变成了一棵月桂树，但仍保持着“人类”的意识。也有一些形象虽然不具有人类的特征，但本身结合了各种动物的特征，例如长着翅膀的马。

民间传说中有很多种生物将植物的特征与人或其他动物的特征融

一部药用植物书中的曼德拉草插图，可能出版于奥格斯堡，1520—1530 年。

合在一起。欧洲民间传说中有一种曼德拉草。这是一种样子像是小男人或女人的植物根，从地里拔出来时，它会发出一声尖叫，声音尖锐得足以杀死任何听到的人。不过，如果你在一个没有月亮的黑夜，用蜡塞住耳朵，就可以把曼德拉草拔出来。然后，你需要把绳子的一端系在植物上，另一端系在狗的尾巴上。然后在午夜时分，你要背朝风吹来方向的上风口站着，并吹响喇叭，以确保你自己不会听到尖叫。同时，还要用鞭子抽打狗，让它尾巴拖着曼德拉草跑起来。狗会死掉，而你就能得到那株植物了。[8] 另一种植物和动物的杂交品种是藤壶雁，它像水果一样长在树上，成熟后落到地上。这个传说在中世纪广为流传，甚至被约翰·杰勒德收入《草本志》中[9]，这部书首次出版于 1597 年，曾被视为植物学方面的最高权威。

在许多古老的英格兰和苏格兰歌谣中，树木和其他植物不仅容易被说服，而且富有同情心和智慧。在《樱桃树颂歌》中，玛利亚和约瑟在花园里散步，玛利亚让约瑟为她摘樱桃。约瑟认为她曾对自己不忠，起初拒绝，然后：

玛利亚就对樱桃树说：
“弯下枝条垂到我膝盖，
让我能把樱桃来采摘，
我数一二三你就弯下来。”

然后最顶端的小树枝
弯下垂到她的膝盖上。
“你看到了吧，约瑟，
这些樱桃是我的。”[10]

在好多首民谣中，恋人活着时被迫分开，但再生为植物结合在一起时通常是一棵藤和一棵树，它们从坟墓中长出来并找到彼此。在苏格兰民谣《罗伯特王子》中，一个年轻男人被母亲毒杀，因为母亲不同意他的婚事。他的新娘来到他身边，但只来得及参加他的葬礼，他的母亲甚至没有把他的戒指交给新娘。女孩很快就死了，然后：

一人葬在玛利亚的教堂，
另一人葬在教堂唱经楼，
从一个坟墓里长出一棵白桦树，
另一个坟墓里长出一株野蔷薇。

白桦树与野蔷薇，
两棵植物相连在一起，
它们越来越亲密，
就是挚爱的一对爱侣。[11]

中国民间传说中也有一个类似的故事。宋王垂涎于大臣韩凭之妻，在遭到拒绝后，王下令将韩凭扔进监狱，韩凭很快死于狱中。韩妻继续拒绝王的追求，王继续逼迫，她便跳崖自杀。她最后的请求是与丈夫葬在一起，但王不容许。夫妻二人被分开埋葬，但两个坟墓上都长出了一棵巨大的梓树，两棵树缠绕在一起，被称为“连理枝”。[12]

也许所有植物中最接近分类门槛的是中世纪阿拉伯神话中的瓦克瓦克树。传说它生长在亚洲的一个偏远小岛上。它的枝条上长出头，在某些版本的传说中长出的是男人的头和女人的头，在另一些版本中则是长出许多奇异动物的头，还有一些版本长出的是微型人类，成熟后掉落在地上。[13]这种生物超越了划分生物类别的所有界限，尤其是人类、植物和动物之间的界限。

世界树

维京人认为宇宙是一棵世界树，《诗体埃达》对此进行了详细的描述。世界树可能是一棵白蜡树，但与其他白蜡树不同的是，它是常绿

瓦克瓦克岛上的树，印度戈尔康达，17 世纪初。墨水、不透明水彩和金画于纸上的画作。

约翰·奥古斯图斯·克纳普，《世界树》，19世纪末或20世纪初，布面蛋彩画。

的。三个诺恩，即三个控制人类命运的睿智女神，坐在树的底部，树下面还有命运之泉。[14] 一条树根延伸到由女神海拉统治的冥界，第二条树根延伸到冰霜巨人的国度，第三条根延伸到神的领域。树下有许多蛇。巨蛇尼德霍格啃咬着树根。一只鹰栖息在树冠上。松鼠拉塔托斯克在鹰和蛇之间的树枝间来回移动，传递信息并挑起冲突。四只雄鹿在最高的树枝间移动，吃树叶。[15] 随着“诸神的黄昏”降临，神与巨人之间的末日之战开启，树会颤抖，释放出怪物，[16] 有点像危机来临时压抑的思想浮出水面。[17] 这棵树不是无知无觉的，因为有两个人类，一个名为“生命”的男人和一个名为“生命的希望”的女人，躲在一片树林里度过了末日，他们的藏身之处很可能便是世界树的树枝。[18]

这里有很多挑战想象力的东西。如果树根延伸到神和巨人所住的地方，这是否意味着他们都住在地下？如果雄鹿站在树冠中，这是否意味着它们在树枝上行走？或者这些非常高大的鹿，用它们的脚踩在地上？然而我们可能又会问：“什么地？”大地在哪里呢？世界树在哪里呢？它似乎包含了所有的世界，却又不存在于任何世界。维京人可能根本没有试过把世界树画出来，就像现代物理学家没有将他们的宇宙模型可视化一样。维京人只是在树下行走，观察光影的变化。他们听着树叶在风中沙沙作响，听着鸟儿的叫声。他们能轻易地观察到许多树木能从根部萌发出新芽，因此一棵树不需要局限于一根树干。世界树可能就像潘多一样，既是一棵树，也是一片森林。如果你想寻找世界树，你会在哪里找到它呢？可能它无处不在，也可能哪里都不存在。

世界树是世界各地神话和民间传说的一个母题，树的种类繁多，令人眼花缭乱。奥斯曼土耳其人有“生命树”，这棵树有很多叶子，每片叶子上都写着一个人类的命运。每当一个人死掉时，生命树上属于他的叶子就会掉落。好几个西伯利亚部落则有“宇宙树”，未出生的人的灵魂像鸟儿一样栖息在宇宙树上，直到被萨满召唤。[19] 墨西哥恰帕斯州的策尔塔尔玛雅人认为木棉圣树是宇宙的中心。在出生时死去的婴儿会爬上圣树，在果实的滋养和树枝的保护下登上天堂。[20] 理解这些丰富多彩的信仰需要一点谨慎——即使对文化有深入的了解，也不可能知道其中有多少是诗意的、隐喻的，还是字面的意思——但它们记录

《萨尔茨堡弥撒书》(1487 年)中的一页。在这里，知识之树和生命之树是一体的。右边的一半带来死亡，左边的一半带来永生，出现在树枝上的真理十字架使用的便是左边永生之树产出的木材。

了树木是如何紧密地融入生命和死亡的节奏中的。

这些树就像世界树一样，是统一宇宙几个不同部分的纽带，将天堂、人间和冥界等联系在一起。单纯从规模上来看，它们都既是树木，也是森林。但是，从某种意义上说，每棵树都是一片森林。树枝从树干上长出来，也从别的树枝上长出来，就像地基从地面凸起一般。即使是城市广场中一棵孤立的树，也会以人类无法看到的方式与别的树结合在一起。维京人应该就是认为每棵树都是世界树的一个分枝。

基督教的中心形象是十字架，它的形状大致像一棵树冠伸展开的树。弗拉基米尔·比比科辛指出，十字架本身就具有神的特征，似乎与耶稣融为一体。[21] 在8世纪或9世纪的古英语诗歌《十字架的梦》中，两者几乎完全融为一体。十字架告诉读者，它曾经是一棵树，被敌人砍倒后拖到一个山顶上，直立放置起来。它承受过钉子钉入、长矛刺入，承受过嘲笑和基督的所有痛苦。然后十字架被砍下埋葬，但像基督一样，它复活了。它比森林中的其他树木都要高，具有拯救尘世男女的力量。[22]

皮耶罗·德拉·弗兰切斯卡，《示巴女王到来》，约1452—1457年，湿壁画，阿雷佐圣方济各大教堂，描绘的是示巴女王敬拜后来做成真十字架的木梁。

在中世纪的欧洲，有许多关于圣十字以及与之相关的奇迹。很多都被记载在《黄金传奇》一书中，这是一部记录圣徒生平的合集，1255—1266年间由弗拉金的雅各布出版。雅各布有点像那个时代的民俗学家，经常给出一个事件的不同版本，但是无论你喜欢哪种说法，十字架都会成为一棵世界树。我这里无法给出故事所有的变体，只是简单总结一下：当最初亚当快要死的时候，他让儿子塞特去了天堂的门口。天使给了塞特一根永生树上的树枝，告诉他，当树枝结出果实时，他的父亲就会痊愈。当塞特回来时，亚当已经死了，所以塞特把树枝种在了父亲的坟墓上，树枝长成了一棵树。后来，所罗门命人把这棵树砍了，用来建造他在森林里的房子，但它的木材总是不合适，木板不是太短就是太长。他便拿去做成了一座桥，示巴女王来拜访所罗门，从桥上经过，她看到了救世主受难的幻象。所罗门很苦恼，就把木头深埋在地下，但它最终从一个池塘中冲出来，然后它被做成圣十字架，耶稣便被钉在上面受难。在耶稣受难之后，木头又被埋了起来，然后被圣海伦娜重新发现，她是君士坦丁皇帝的母亲。十字架经过了检验，被放在路过的送葬队伍中的尸体上，尸体立即复活。海伦娜认为十字架的力量太大，任何人都无法承受，所以她把它切割成碎片，分送到世界各地的教堂。[23]

对天堂的向往

比利时散文家兼剧作家莫里斯·梅特林克是现代最早严肃论证植物具有理性和情感的人之一。在初次出版于1913年的《花的智慧》一书中，他甚至试图重新构建植物的视角。无论对错，人们经常认为，人类是被局限于物质世界的精神生物，这一身份赋予了人类一种特殊的、在很大程度上是悲剧的命运。梅特林克认为这种命运也是植物共有的：

> 植物最基本的器官——营养器官，也就是它的根，将它

> 附着在土壤上。如果很难在压迫我们的伟大法则中分辨出到底哪一条对我们来说最沉重，那么就植物而言，毫无疑问，是那条使它从出生到死亡都无法动弹的法则。[24]

梅特林克认为，植物的生命，就像男人和女人的生命一样，是与物质世界的束缚进行的永恒斗争，这一点表现为植物不断生长远离土壤。当然，这似乎特别适用于树木，它们虽然扎根于大地，但通常长得极高。在他看来，这也是植物在开花和传播种子等方面的创造力的来源。这种解释不是将植物与人体的功能类比，而是与人类灵魂的渴望类比。形象地总结一下，我们可以说植物的生活，以及所有的生活，这些都是对一个看似冷漠的宇宙的反叛。

梅特林克也许是忘记了植物并不总是向往高处，它们在地下长得和地上一样多。从某些方面来说，他的想法很大程度上是他所处的时代的产物。像传统的基督徒一样，他的树奋力地要进入天堂。正如浪漫主义和启蒙运动中的男男女女，他们永远在反抗束缚。不过，即使梅特林克可能是在拟人，这里也有一些接近普世的元素。对于那些愿意承认植物具有某种知觉的人来说，树木似乎具有一种自然原初的灵性，在宗教、教派、哲学和意识形态纷繁复杂地充斥人类的精神生活之前，我们也曾享有过这种灵性。

描绘恩奇都的陶土墙，伊拉克乌尔，公元前 3000 年前后。恩奇都的形象已经显示出许多在未来数千年中与“野人”相关联的特征。他几乎赤身裸体，留着浓密的胡须，突出的耳朵和勃起的阴茎暗示着他那动物性的特征。

3　森林的神秘生命

六天七夜他们睡在一起，
恩奇都已经忘记了自己山中的家。
但当他满足后，他回到野兽中间。
瞪羚看到他，匆匆四散；
野生动物看到他，全都逃跑。
——《吉尔伽美什》

19 世纪美国最受欢迎的博物学家约翰·巴勒斯曾经发问:“我的书以及类似的书会不会让人对大自然产生一种错误的印象，让读者对林中散步或露营产生的期待多于他们平时可以得到的?”他提醒人们,在森林里度过的时光就像所有的经历一样，需要解读。他自己也常常不知道在林中散步给他带来了多少快乐，直到他坐到写字台前。只有在创作的过程中，他才发现真正发生了什么，他又感受到了什么。[1] 与自然世界的疏离感不断加深，有时会使人们对林中散步抱有不切实际的期望。他们希望至少能立即获得顿悟，而当这种顿悟没有出现时，他们就会感到失望。

西方对森林的概念与自然紧密相连，西方一直在崇拜和妖魔化这两个极端反复横跳。诸如美洲原住民等民族文化，并不会在自然领域和文明领域之间画出明显的界限,可能没有与西方人非常相似的概念。人类学家菲利普·德斯科拉写道:“对（美洲）印第安人来说，森林是人的家园的延伸扩展，在森林中，他们与动物和主宰的神灵进行能量交换仪式。”[2] 无论如何,森林仍然是一个极具灵性的地方。在美国东北部和加拿大的林地居民以及美洲的许多其他原住民中，年轻人会独自进入森林，期待能够看到他们的守护灵现身与自己互动。对印度教徒来说，村庄和森林都是人类居住的地方。两个地方都服从相同的等级结构。年迈的婆罗门们经常会感应到召唤，放弃个人财产，进入森林里苦修，这不是一种弃世，而是与自然世界进行更亲密的接触，以此获得新生。[3]

正如在森林里所经历的，在生物从一个地方移动到另一个地方的过程中，你可能会短暂地瞥见它们，而你的视野有一部分被树木遮挡。你可以在其他声音的背景中依稀听到它们的声音，周围沙沙作响的树叶声会掩盖住生物的动静，还有奇怪的气味、杂草丛生的小路和模糊的足迹。然后，经过人类想象力的过滤和渲染，新的生物从这些感官碎片中被重新构建出来。世界上大多数文化中，甚至可以说是所有文化中，都有大量关于森林神奇生物的传说。

对于生活在被森林环绕的定居点中的人们来说，一些基本的认知可能是普遍共有的。亚洲、欧洲、非洲、美洲和其他地方的原住民都普遍相信树木是精灵的家园。[4]森林是精灵主宰的世界，林地是一个超自然的社群，可能是善意的，也可能是危险的，或者可能是对人类漠不关心的。相对而言，村庄主要是人类的领地。[5]在大多数或所有人类文化中，森林都代表着某种原始的东西，可能是社会的一个方面，也可能是一个与人类社会无关的相对自治的领域。

在森林的神奇居民中，最引人注目的是恐怖形象，它们为森林可能引发的模糊不定的恐惧赋予了具体的形式。在世界各地，在森林中或森林附近看到怪物的身影往往会引起恐慌，甚至迫使整个村庄的居民撤离。在这些怪物中，有一个是温迪戈，这是一个美洲本土原生的巨人，加拿大中北部和美国部分地区的许多部落都惧怕它。温迪戈通常呈现出人类的样子，但高大到不可思议，它最喜欢的食物是人类。[6]肯尼亚的南迪熊是另一种传说中的生物，它只吃人类的脑子。它藏在树木底层枝干的树叶中，当有人走过时，它只需轻轻一击，就能打开人的头顶，吃掉脑子，只留下一个空空的颅骨。[7]在文艺复兴时期和现代早期，欧洲大陆的森林及其周围地区都盛传女巫的安息日聚会上会有大量怪物到场。

其次是动物的主人或女主人——一个保护森林生物的形象。大多数时候，他或她会允许人类在森林里进行一定程度的狩猎和采集，但会惩罚任何索取过多的人。一个神可能保护所有物种，也可能只保护一个特定物种。在巴西雨林中，动物和植物的保护者是库鲁皮拉，它通常具有类似人形的形象，但脚尖朝后方，以迷惑猎人和采集者。它能变幻成各种动物的外形，监视森林中的人，如果他们越界，它可能会摇动一棵树来向他们发出警告。它会通过误导或带走人的随身物品来惩罚那些无礼或贪婪的人。此外，巴西亚马孙的传说中还有很多其他专门保护鱼、棕榈树、橡胶树和龟等特定物种的神灵。[8]

即使进入现代世界，日本人仍继续奉行本土的泛灵论宗教，这是

“小树林是神最初的庙宇——日光市高贵的日本柳杉林荫路”，1904 年，照片。从很早的时代起，日本人就对森林怀有崇敬之情。

十分罕见的，也可以说是独一无二的。日本人认为森林是精神的居所，需要被尊重和安抚。至少自 18 世纪以来，日本在保护森林方面比世界上其他国家都做得更多。[9] 然而，这并不意味着日本人认为森林是绝对善意的。在日本有很多关于狂鬼、大蜘蛛和其他生活在森林深处的妖精的传说，其中许多精怪都会吃掉误入领地的旅行者。许多武士因诛杀这些怪物而闻名，但这些生物对人类造成的伤害并不会被归咎到森林身上。即使是妖精也要有地方住，这样它们就不会入侵人类世界。

森林中的超自然生物数量繁多，而且多种多样，我甚至不能尝试进行任何全面的分类。它们说起来简直无穷无尽：狼人、小精灵、野人、天鹅少女、萨梯、苔藓人、幽灵、食人魔、鲁萨尔卡（rusalka，斯拉夫神话中未受洗的孩子的灵魂）、龙、山怪、灵兽、女巫、仙女、奥里沙（orisha，非洲的一种精灵）、夜叉、神（kami，日本神道教神灵）、狂等。我会讲几个故事来说明它们的范围和多样性。

野人

一个设陷阱捕猎的人在动物饮水的水坑边遇到了一个力量惊人的野人，惊骇至极，他看到的这个人吃草，和动物一起奔跑，将猎人们为捕捉猎物而挖的坑填满，将罗网撕裂。在父亲的建议下，猎人前去求见美索不达米亚城邦乌鲁克的国王吉尔伽美什，请他派女神伊什塔神庙里的神妓勾引那个强大的野人。国王同意了。猎人和神妓在池塘边等待，第三天，野人出现了。神妓脱去衣服，走近他，两人一起睡了六天七夜。当野人回到他的动物伙伴身边时，它们都避开他。他试图像以前一样和它们一起奔跑，但速度再也跟不上了，他的膝盖开始发软。正如 N.K. 桑德尔斯在她对这个传说的翻译版本中所言：“恩奇都（这是他的名字）变得越来越虚弱，因为智慧在他体内，人的思想在他心里。”[10]

他别无选择，只能回到那个神妓身边。神妓教他喝酒、吃面包、用油膏涂抹身体、穿人的衣服。她安排理发师给他剪掉了长发。恩奇都不再破坏陷阱，而是学会了猎杀攻击羊群的狮子和狼。他也获得了人类的雄心，决心挑战吉尔伽美什。当国王要进神庙和另一个男人的新娘同睡时，恩奇都挡住了路。二人激战一阵，然后成了最好的朋友。[11]这是史诗《吉尔伽美什》的开场，这对伙伴接下来将经历胜利和悲剧，我将在下一章中介绍这些。

我们没有这部史诗的完整版或定版。最接近完整定版的是最早发现的版本，可追溯到公元前 7 世纪，这是 19 世纪 50 年代初在亚述国王亚述巴尼拔的宫殿遗址中发现的。它由十二块泥板组成，前十一块泥板讲述了一个连贯的故事，最后一块泥板由与此有些微关联的文本组成。这些被称为“标准版本”，为后来试图重建故事提供了基础。文本中有许多无法阅读的缺漏。其中许多根据公元前 2000 年前后的古巴比伦文版本的残片材料补全了。这部史诗大约在公元前 1300 年出现了接近最终形式的版本，由巴比伦抄写员辛－勒齐－乌尼尼编辑成一部单一的叙事作品。

还有用苏美尔语讲述吉尔伽美什故事的五块泥板，这些故事可以追溯到公元前 2500 到公元前 2000 年。它们提供了巴比伦文和阿卡得文泥板上故事的早期版本以及一些别的故事。在希泰语和其他古代语言中也有关于吉尔伽美什的记载，考古经常发现新的碎片。总的来说，各种版本跨越的时间几乎相当于从罗马帝国灭亡到现在的时间。这些故事还经历了一段时间的口头流传，可能需要再向前追溯好几百年。故事中的主题都是我们文学传统的基础，如爱情、死亡、友谊和人类命运。

在故事开头的恩奇都，是文学史上第一个“野人”，他带来的一套形象特征将在历史的某些方面非常稳定地传承下去。像艺术和文学中的许多野人一样，他毛发旺盛，穿得很少甚至不穿衣服，喝溪水，吃不经处理的森林食物。有相当多著名的故事都是从恩奇都与神妓的故事衍生发展而来，最知名的便是《圣经》中的两个创世故事中的第二个故事：亚当被创造（《创世记》1:7–25）。像恩奇都一样，亚当被从大地创造出来，独自一人，没有女性伴侣。正如神妓被带来引诱恩奇都采用人类的方式一样，夏娃被创造出来是为了成为亚当的伴侣。在这两个故事中，女性的存在都导致了人被驱逐离开自然的乐园。

沃尔特·克莱恩，《我很丑吗？》，《美女与野兽》插图（1874）。野兽置身于代表着“文明”的维多利亚时代用具中，动物特征更加凸显。他身边的剑和盖在胯部的帽子也微妙地表明，尽管他打扮得很好，但并没有完全克服兽性。

同样在《圣经》中，参孙和大利拉的故事（《士师记》13–16）也很明显能看出恩奇都和神妓故事的轮廓。参孙与恩奇都一样，也是一个有着惊人力量的人。大利拉听从非利士人的吩咐去引诱参孙。正如神妓对恩奇都所做的那样，大利拉安排给参孙剪掉了头发，参孙由此失去了大部分力气。在中世纪的独角兽传说中也可以看到恩奇都故事的痕迹，独角兽是一种长得像马或山羊的神话动物，额头中间有一只巨大的角。和恩奇都一样，独角兽也非常凶猛，非常强大，无法用武力捕获，但它会在少女面前变得温顺，把角放在她的腿上，令自己陷入可以被捕获的状态。[12]

如果从女性视角来讲述，恩奇都与神妓的故事便是著名童话《美女与野兽》的基础，这个故事最著名的版本是由珍妮－玛丽·勒普兰斯·德博蒙于1756年出版的英文版。[13]故事简言之便是，一名年轻女子前往森林深处一个城堡，城堡主人是一个可怕的半人怪物，她将他引入人类文明，就像神妓对恩奇都所做的那样。通过赢得女子的爱，怪物得以抛弃动物形态，成为完全的人类。民俗学家普遍认为这个故事相当现代，但萨拉·格蕾丝·达席尔瓦和贾姆希德·J. 德黑兰尼追溯过去的各种版本，推测这个故事有 2500 至 6000 年的历史。[14] 这两个数字的平均数是距今 4250 年前，这正是恩奇都的故事非常流行的时期。达席尔瓦和德黑兰尼没有提出二者之间的联系，但这个故事无疑来自《吉尔伽美什》或一个密切相关的来源。

在中世纪的欧洲，森林中的野人变成了一种萦绕在人们心头的困扰，一直延续到今天，表现在故事、化装舞会、插画以及文化的方方面面。他有时被认为是希腊罗马神话中的弗恩（半人半羊的农牧神）和萨梯（半人半羊的森林之神）。他经常出现在纹章中，尤其是在苏格兰，形象包括标志性的长发、胡须和一件简单的兽皮衣服。在莎士比亚的戏剧《暴风雨》中，野人以凯列班这个人物出现。偶尔，野人会有一个女性野人陪伴，但通常都是独自一人。

恩奇都可能是“野人”这一民间传说母题已知最古老的来源，但只

佚名，《野人还是奥森和瓦伦丁的假面》，据老彼得·勃鲁盖尔画作所作木刻画，1566 年。野人是中世纪至现代早期纹章学、化装舞会、狂欢节和娱乐活动中最受欢迎的形象。在这幅画中，有人装扮成奥森——一个流行的传奇故事中的野人。

是众多来源之一。这个形象的历史不能用纯粹的线性方式来追溯。这些母题可能是源于不同地方的很多种传统相互融合并反复交叉之后形成的复合成果。在许多案例中，包括恩奇都，传说中的野人可能是由于有人目击了类人猿。然而，野人的形象在世界各地都非常一致——身上覆盖着毛发或皮毛，要么赤身裸体，要么只穿着一件粗糙的兽皮衣服，身体散发着一股强烈的气息。它有惊人的力量，通常（虽然不总是）比普通人高大。偶尔野人形象也会呈现出特定动物的特征，如山羊。

在恩奇都和《圣经》亚当的传统中，未驯化的人总是被认为是男性。这一点尤其值得注意，因为它颠覆了一种习惯模式。当人类被人格化时，通常是男性，而自然被人格化为女性。从农业文明开始到核裂变，各种伟大的发明都归功于男人（man），与森林和草地相关的精神则被称为“大自然母亲”。与之相反的是，野人故事里的社会是女性化的，在恩奇都的故事中被人格化为神妓，在《圣经》创世神话

约翰·彼得·西蒙，版画，根据亨利·富泽利画作创作，描绘的是莎士比亚剧作《暴风雨》中的一个场景，1797 年。画面右方的是凯列班，基本上是一个野人。

猩猩插图，出自乔治·肖《普通动物学》或名《系统自然史》第一卷第一部分（1800 年）。欧洲人经常将新发现的猿类与土著人混淆，并把它们想象成类似传统传说中野人的形象。

中被人格化为夏娃。自然是男性化的，这一传统在丹尼尔·布恩和大卫·克洛科特等生活在丛林深处的粗犷而孤独的男性故事中得到传承延续。野人的流行形象也影响了早期对尼安德特人的描述。

很多时候，当有报道称有人看到野人时，一两份陈述就足以在当地引起恐慌。我记得小时候在纽约州北部听过的“马人”的故事。像其他野人一样，“马人”浑身长毛，据说它奔跑时会像马一样嘶叫，还会攻击儿童，这些故事足以吓得我好长一段时间不敢出门。佛罗里达的臭鼬猿、俄亥俄州的橙眼野人等形象都引发过规模更大的恐慌。

在一些案例中，神秘动物学家甚至是主流科学家都认为这些半人形象是可信的。从国际范围来看，这一类型中一些最著名的形象包括传说中的雪人（喜马拉雅山）、野人（中国）、大脚怪（北美）、阿尔玛

（西伯利亚）、未命名野人（圭亚那）和潘德克人（苏门答腊）。[15]17 世纪时，欧洲人在南亚的雨林中发现了猩猩，他们采用马来语中的名称将其称作 orangutan，字面意思是“野人”或“森林中的人”。这个词最初可能是马来西亚或印度尼西亚的城市居民用来称呼他们认为未开化的森林居民的。[16]

木仙

观音菩萨指派和尚唐三藏从中国前往印度——穿越充满妖魔和野兽的未知区域——取回佛经，拯救中国免于乱世。唐三藏有三个奇特的徒弟，担任他的助手和保镖——一只猴子、一头猪和一个水妖。师徒四人在艰难地穿过了一段长满荆棘的路后，遇到了一个老人，他身边有一个仆人，皮肤鲜红，留着鲜红的胡子，长着绿色的脸和獠牙。老人对取经人非常热情，并招待他们吃点心。猪开始吃糕饼，猴子看出来这两个陌生人是妖怪。他还没来得及用他的棒子打老人，老人就变成一阵风，裹挟着和尚逃掉了。

和尚发现自己突然到了一座烟霞笼罩的房子前，上面有“木仙庵”的标志。老人礼貌地介绍了自己和三位同伴，他们都已年过千岁。五个人走进屋内，吟诵诗歌，分享红皮肤随从奉上的点心，并就佛教和道教哲学展开了一场非常文明的讨论。

最终，和尚担心他的徒弟们在寻找他，就想寻找借口离开，这时一个手持开满杏花的树枝的少女在两名随从的陪同下走进来。和尚拒绝了她的示爱，四位长者提议和尚和这位年轻女士结婚，不然他们就会做出无礼之举。听到此言，和尚十分愤怒，试图离开，但其他人挡住了他的路。他们一直纠缠拉扯到天亮，然后和尚听到了旅伴的呼唤。四个老人、女孩和他们的随从立刻消失不见了。

和尚和他的弟子们环顾四周，发现了写有“木仙庵”的标志。在它附近有四棵古树，它们就是之前出现的长者——一棵桧树、一棵柏树、一棵松树和一根竹子，还有一棵枫树，是之前的红皮肤随从。最后，他们看到一棵杏树，这是那个年轻女孩，周围的梅树和丹桂则是她的仆人。和尚说这些树没有伤害任何人，希望不要打扰它们。猴子更精通人情世故，通常是真正说了算的人，它坚持认为它们可能会对人类造成巨大伤害。猪用耙子把树都打倒了，血从树根流出。

这个故事来自中国奇幻小说《西游记》，作者是吴承恩，出版于16世纪初。[17] 据我所知，这个故事没有其他来源。很难确定这个故事有多少属于民间传说，有多少属于文学创作。这部小说是从佛教的视角来创作的，对于道教，通常是秉持尊重的态度，但有时候又相当不敬。故事中有八棵人格化的树，它们可能是讽刺地暗指道教传说中的八仙。

在阅读这个故事时，我们可能会希望和尚更坚定更有魄力，不要容许暴躁的猴子违背他的意愿，坚持不要打扰树木们。和尚后来似乎也得出了这个结论，之后他用更威严的态度对待猴子。一些读者甚至希望和尚能留下来和杏姑娘成婚，不过谁又能猜到那样会发生什么呢？这个故事完美地诠释了近年来的发现，即树木一直都在不断交换信息，甚至有一种群落。和尚是一个观察者，他进入了树木的社群，但之后

河锅晓斋，《西游记》，1864年，彩色木雕版印刷。正中央的高大人物是三藏和尚，他经历了从中国到印度的危险旅程。在顶部，他的正左边，是他的守护神观音菩萨。他的右边是他的三个弟子：一只猴子、一头猪（这里被描绘成一头大象）和一个水妖。小说中的大部分情节是猴子与各种妖魔的战斗，其中一些（金角和银角）被刻画在了左边。

被拉扯得太深入，超出了他的意愿。也许这个故事传达的信息是，尽管树木在许多方面看起来和我们一样，但说到底它们并不是真正的人。

这个故事说明了中国人对森林的矛盾心理。中国的乡野经历了树林被大肆砍伐、无节制的狩猎和水流改道等，由于一种反作用力，中国人对山水产生了强烈的热爱。[18] 在某些方面，可怕的环境对于学者的吸引力与西方并没有什么不同，当他们对朝廷生活感到失望，就会退守到山野中隐居沉思。艺术家们在巨幅画卷中描绘森林、山峰和河流等风景，这些风景似乎无边无际，只有偶尔出现的宝塔和孤立的人影提醒着观者人类的存在。不过，这些都是理想的场景，而非真实。[19]

这个故事还告诉我们，在我们看来发展迅猛的科技，在其他时代、其他地方和其他文化中的许多人眼中可能远没有那么激进。要知道在将生物人格化方面该走多远总是很难确定的，森林学家彼得·沃莱本在他的畅销书《树的秘密生命》中挑战了这一极限。他在德国照管一片古老的山毛榉林，他在书中写了树木如何照顾它们中的老幼病残，如何对待它们领域中的近亲，甚至陌生的树。一个充满戏剧性的例子是，他在森林里发现了一棵四五百年前伐掉的山毛榉树的树桩，但它的邻居们仍然坚定地认为它活着，它们通过树根和菌根真菌给它输送养分。[20]

从根本上说，他将树木视为一种理想化的古老村庄，其中有友谊，偶尔也有敌意，年龄和习俗受到尊重。很难说他本人在多大程度上相信这一点，又有多少只是因为使用了拟人化的语言。这种观点有很多问题，其中之一便是预设了一种非常人性化的个体主义，而正如我们已经看到的那样，这种个体主义并不适合树木。

“邪恶”森林

撒哈拉以南的非洲人传统上对森林的看法与欧洲民间传说惊人地相似。根据德斯科拉的说法，非洲人“认为森林纯粹是一个狂野、黑暗、危险的地方，应该尽量躲开……”“与有人居住的地方截然相反”。[21] 在中非的传统信仰中，精灵生活在森林、水体和天空中，但通常不在村庄中。[22] 他们很危险，但像欧洲传说中的森林精灵一样，有时也很乐于助人。

伊博族的故事高手钦努阿·阿契贝在他的小说《瓦解》中写道，19 世纪后期，他的家乡尼日利亚“每个部落和村庄都有自己的‘邪恶森林’”。这里也是“伟大的药师死后人们对其狂热崇拜的倾泻场”。在小说中还有一段写道森林甚至成为人祭的场所。因此邪恶森林中“充满了黑暗的邪恶力量和能量”。[23]

然而，村民们从来没有想过邪恶森林应该被砍伐掉。他们需要森林作为一种垃圾填埋场来填埋村里的人们希望从生活中清除的所有东西。他们将自己厌恶的一切都处理到森林中，这是一项持续进行的净化工作。虽然地处另一片大陆，规模也相对较小，不过这片森林会让人联想到但丁《神曲》中的黑暗森林。如前所述，黑暗森林的边界并不清楚，但它似乎包含地狱，在传统基督教中它存在的意义与“邪恶森林”是相同的。冥界不仅是恶魔和被诅咒的灵魂的住所，也是信徒希望驱除的所有事物（如不受控制的火）应该去的地方。

这种相似性可能是中非村民迅速接受基督教的部分原因。可能也正是因此，尼日利亚教会目前在成员数量和宗教渗透方面都让英国教会相形见绌。假设阿契贝对中非传统乡村生活的描述是准确的，它也表明了强烈的二元论并不一定会导致对自然世界的破坏，这正与今天许多人所认为的相反。

在小说中，传教士们前来请求给他们一块地方建造教堂。村民们给了他们邪恶森林中的土地，以为这些新来的人坚持不了多久。然而，传教士的宗教更脱离俗世，他们砍伐了部分森林来建造教堂。教会吸引那些在村里地位低下的人加入，迅速发展，从而破坏了部落的等级制度。小说的主人公是一个名叫奥贡喀沃的战士，他以一种激进的刚直坚持传统，最后，他在邪恶森林中上吊自杀。

但是在基督教的意义上，森林似乎并不完全是“邪恶的”，也许作者使用这个词只是为了一丝讽刺意味。小说中有一处写到一个年轻女子被带到森林中以治疗一种严重疾病。还有一处讲到了森林通过一个萨满的口说话。森林就像《美丽的瓦西里萨》或《汉塞尔与格蕾特》

等童话故事中的那些地方，主人公会陷入极为危险的处境，但最终可能获得解救。

《饥饿的路》三部曲是尼日利亚当代作家本·奥克瑞在20世纪60年代推出的作品，由三部小说组成一个系列，描绘了尼日利亚森林进一步发展的新阶段。那时的尼日利亚人大部分是世俗的或是信仰基督教或伊斯兰教。更传统的思维方式不再有足够的凝聚力来构成一个信仰体系，但它们仍然无处不在。森林不再邪恶，精灵和人类一样迷失。

在书中，剩余的森林被不断砍伐，让位给定居点。这让森林精灵感到不安，他们试图进入村庄，经常是为了寻找避难之所，而非造成伤害。他们被人类迷住了，但并不理解人类。他们试图变换成人类的形体，但错误百出。故事的叙述者是一个名叫阿扎罗的阿比库，即"鬼孩"，他原本的家在一个无名村庄周围的森林里。按照传统，阿比库会进入人类的子宫被生出来，但很快就会回到超自然世界。然而，阿扎罗学会了爱他的母亲和父亲——母亲是一个市场小贩，父亲是一个体力劳动者和拳击手。阿扎罗拒绝离开这种生活，于是其他精灵一直纠缠他，引诱他回去，甚至试图将他强行带走。阿扎罗抵抗着他们，而在这个过程中，他越来越热爱人类的世界，尽管这里肮脏污秽且经常发生暴行。

与欧洲的精灵和仙女不同，至少与通常描述的那些不同，这些森林精灵没有任何始终如一的形态。在三部曲开头，叙述者是这样描述他初次见到精灵的情形的：

> 我看到了向后退着走路的人，一个用两根手指走路的侏儒，倒立着行走、脚上挂着一篮鱼的男人，后背长着乳房、胸前绑着婴儿的女人，还有长着三只胳膊的漂亮孩子。我看到他们中间的一个女孩，她的眼睛长在头侧，脖子上戴着蓝铜手镯，她比森林里的花朵还要可爱。[24]

在小说中，这些都是想变化成人形的笨拙而错误的尝试，也许可以类

中非传统面具。这些作品展现了各种奇妙的生物，大部分都没有名字，但都有一种幽默感。

比为人类模仿狮子或犀牛。他们的精力、幽默和多样性会让人联想到中非的面具。阿扎罗自己也是一个精灵，并不总是觉得其他精灵特别奇怪或可怕，他甚至不能非常清楚地区分他们和人类。这个故事与其说是一个连续的叙事，不如说是在人类和精灵世界交汇处的有限空间内发生的一系列奇幻的小片段，比如人类和精灵都经常光顾的城镇郊区的一家酒吧就是小说的重要场所。

这部小说展示了随着森林被砍伐，森林边缘的城市空间如何渐渐显露出森林的大部分。青年时代的我经常会在芝加哥的贫民窟里行走，在那里，你知道自己可能会被别人时刻盯着，包括潜在的小偷和歹徒。那时的我相当不知谨慎，但还不至于忽视自己要呈现出特定的形象。我知道，我需要表现得老练世故、自信满满（即使我的感觉完全不是这样）。我的姿势必须挺拔，脸上必须尽可能没有表情。我必须看起来像是清楚目的地在何方。如果我迷路了，停下来查看地图，人们很可能会注意到我，我就可能会遭到攻击。这就是在我们所谓的“都市丛林”中生活的一个面向。当我回到家，因为伪装而疲惫不堪，瘫倒在床上时，我才终于可以做回自己。

4　征服森林

不想成为上帝，也不想做英雄。只想成为一棵树，为岁月而生长，不伤害任何人。

——（据说来自）切斯瓦夫·米沃什

文明与自然，先出现的是哪一个呢？《圣经》中的答案，是前者。最初的大地景观是花园，而不是丛林。伊甸园在最初的人类亚当和夏娃的统治之下，秩序井然，但在他们违背不得吃智慧树果实的禁令之后，秩序便荡然无存。被我们称作荒野的状态实际上是一个堕落的世界。但在大多数传统中，包括希腊罗马传统，盛行的是相反的观点。在一段原始的混沌时期之后才出现了文明。曾经有无数怪物兼具动物与人类的特征，超乎我们的理解。神的各个部落之间发生了激烈的战争，撕开了天地。

我们对旧石器文化的了解主要来自洞穴绘画，这些绘画聚焦于拥有惊人的体形、速度和力量的动物，如大型猫科动物和猛犸象。在晚期的绘画中才开始出现人类，通常只是简笔画描绘，远不如巨大的哺乳动物那样令人印象深刻。人们吃这些动物，也可能被它们吃掉，这是一种永恒的相互交换。在捕食中死亡很常见，被吃掉也差不多是普遍现象。这是一个通常存在于神话中的世界，猎人们从此之后回望这个世界时会带着怀旧与憧憬。

随着冰盖的消融缩小、森林发展，人类开始从事农业活动，这个世界逐渐走向终结。在新石器时代，人们开始定居并“扎根”，他们过去与动物的亲密关系被与植物的神秘团结取代。[1]也许是因为树木高耸巨大，所以看起来比所有动物都要壮观。人们开始更多地从周而复始的视角考虑问题，这在植物身上表现得更明显：新生、幼小、青春、成熟以及最终死亡。人们埋葬死者，就像种下种子一样，怀着最终迎来复活的希望。时间与其说是永恒的现在，不如说是周期性的回归。

最终，人类与一些特定动物建立了共生关系，像对待植物一样哺育、照料这些动物。先是狗，然后是绵羊、山羊和蜜蜂，随后还有猪、牛、蚕和许多其他动物。有一些人至今仍以狩猎和采集为生。更多的人——事实上几乎所有的社会——也都在继续狩猎和采集，只是规模大大缩小了，更多的是作为一种仪式或娱乐，而不是一种实际需要。然而，这种方式所演绎的，或者至少是努力演绎的，是一部神话般的戏剧。

最早的史诗

吉尔伽美什，世界上第一个史诗英雄，即使在他最伟大的胜利时刻似乎也并不是超人。他是一个普通人，经历着人类的各种反应，包括胜利、失败、惊慌、傲慢、羞辱、恐惧、爱和绝望。他时而强大，时而无助，时而聪明，时而愚蠢。

在这一章中，我将主要关注吉尔伽美什和他的同伴恩奇都杀死黎巴嫩雪松树林的守护者洪巴巴［Humbaba，有版本作“哈瓦瓦”（Hawawa）］这一段故事。这个故事，在标准版本中记录在第五至第七块泥板上。我们可以通过历代版本看出整个故事从历史到神话的发展。苏美尔语的版本通常题为《吉尔伽美什和哈瓦瓦》，是最细节、最写实的。[2]吉尔伽美什和他的同伴恩奇都与五十名随从携带斧头到一个遥远的地方寻找树木。他们穿过七座山，但没有找到合适的树。最后，他们来到一片森林。吉尔伽美什和恩奇都合力砍下一棵树，削掉树枝，斫成圆材，绑好后准备运输。此时，哈瓦瓦醒了过来，甩出一道灵光，神奇的力量化作树木的形象，击中入侵者。恩奇都和吉尔伽美什一时迷失神智。不过恩奇都对哈瓦瓦早有了解，恢复过来之后，他对吉尔伽美什说，他们的对手十分强大，但只要两个人同心协力，就能取得胜利。

两个人悄悄走向哈瓦瓦的住所，没有发动攻击，而是用诡计打败了他。哈瓦瓦出现后，吉尔伽美什提出将自己的姐妹送给巨人做妻子，而且还会提供很多奢侈品，让他能享受到城市生活。吉尔伽美什每许诺一件馈赠，哈瓦瓦便交出自己的一道灵光，最后七道灵光都交出了，他已经没有了抵抗能力，然后便被闯入者们俘虏了。哈瓦瓦恳求饶他一命，他主动提出为吉尔伽美什效力，为他建造房屋。吉尔伽美什很同情他，但是恩奇都说这个怪物不可信，于是割断了他的喉咙。他们又杀死了哈瓦瓦的七个孩子，然后砍下哈瓦瓦的头颅，带到了大神恩

洪巴巴陶俑，伊拉克，公元前 2000—前 1500 年。突出的耳朵、大嘴和宽阔的胸部表明这是一只熊。

在作者位于纽约州的树林里的黑熊。

利勒面前，恩利勒很不高兴，说他们应该礼貌地对待森林的守护者。恩利勒得到了哈瓦瓦的灵气，将它们分配到田野、河流、灌木丛、狮林和宫殿中，将第六道送给了女神努加尔，最后一道留给了自己。[3]

苏美尔人的这个故事特别重要，因为这是哈瓦瓦这个经常出现在森林传说和森林文学中的形象第一次出现。他是树木的化身，可以说是它们的灵魂。他可能也是一位近东地区的神，可能源自埃兰人的天空之神胡姆班。[4] 如果是这样的话，与天空的联系表明这可能是著名的童话故事《巨人杀手杰克》（也被称为《杰克和豆茎》，被民俗学家们归类编号为 ATU 328）的极早期版本，这是所有童话故事中最古老的一个，估计可以追溯到五千年前。[5] 杰克像吉尔伽美什一样，用聪明和诡计杀死了一个巨人，在许多版本中，杰克甚至还是通过砍倒参天大树来最终做到这一点的。

我相信哈瓦瓦 / 洪巴巴也可能是一只熊，可能是一只叙利亚棕熊。直到今天，这种熊还栖息在黎巴嫩的雪松林中。除了人类之外，熊是唯一一种拥有人类完全直立行走能力的大型哺乳动物。即使是猿类，要做到所谓的“直立行走”也必须笨拙地弯着身子。熊极端强壮，它们与人类体型的相似性远远胜过任何其他动物。在美索不达米亚艺术中，洪巴巴的形象被赋予了熊的特征。他长着人形，但有爪子，面部多毛，有胡须。[6]他的耳朵经常像熊的耳朵一样突在两侧。他脸上的五官很大，牙齿很锋利，胸部通常很阔，像熊一样，而他的下半身相对较小。此外，作为雪松林主人的洪巴巴，与欧洲和其他地方传说中的熊拥有相同的地位——百兽之王。[7]

有相当多的间接证据表明对熊的崇拜是十分广泛的，这在旧石器时代就已存在，在新石器时代仍在继续，甚至至今仍在日本的阿伊努人和北极圈内的民族中延续着，只是有所衰落。在尼安德特人和早期智人使用过的洞穴及坟墓中，熊的骨头被摆放得很讲究，看起来非常精心刻意，不像是偶然的，这也表明可能是在表达崇拜。在法国的蒙特斯潘有一个洞穴，里面有一尊可能是有史以来最古老的雕塑，它的形状是一只熊的身体，上面有一个坑，应该是要用来连接头部的。[8]对于生活在北半球森林附近的人来说，熊是永恒的危险，人们对熊进行了无止无休的猎杀。由于熊是一种非常令人生畏的捕食者，猎熊就需要动用皇室和贵族的资源，而且参与的人通常恐惧与钦佩交织，就像我们在洪巴巴的故事中看到的一样。

考古学家伊丽莎白·道格拉斯·范布伦写道："在早期美索不达米亚艺术中，熊并不经常出现，但是当它出现时，总是带有一种神秘的意义，这种意义我们现在已经难以解读。"早期战士的坟墓里有熊形的驱邪物，但到了亚述帝国时期，熊已经成为一种平常的要被猎杀的动物。[9]也许杀死洪巴巴代表着对熊崇拜的反抗，这种崇拜从旧石器时代一直延续到新石器时代，但随着最早的一批城市中心的建立而接近尾声。[10]

在标准版本和古巴比伦语版本中，森林之旅不太务实。吉尔伽美什决定挑战洪巴巴是为了追求荣耀而不是木材。王国的长老们试图劝阻他，向他讲述对手的凶残和力量。当吉尔伽美什无法被说服时，他们为探险队送上了祝福。

吉尔伽美什和恩奇都进入森林，没有其他同伴。恩奇都原本是个野人，他对洪巴巴有所了解，他走在前面。两人都很害怕，但互相鼓励。这一次，他们在洪巴巴使出七重保护灵光之前袭击了他。他们靠武力而不是诡计取得胜利，但他们最后能获得成功只是因为太阳神沙玛什送来了狂风，令洪巴巴什么都看不到。为了确保没有目击者向其他神告发他们的行为，他们还杀死了洪巴巴的七个儿子。做完这些之后，他们就在洪巴巴的神圣树林里砍伐木材。恩奇都用一棵大雪松做成了恩利勒神庙的大门，也许是为了向愤怒的神求和。[11]

在所有版本的故事中，哈瓦瓦 / 洪巴巴都不是一个纯粹的食人巨妖。苏美尔人的讲述中隐含着对他的崇拜，这在后来的讲述中变得更加明显。当吉尔伽美什和恩奇都刚来到黎巴嫩的雪松林之时，他们唯一能做的是惊叹于它的美丽。高大的树林中有清晰的小径。绿荫怡人，鸽子、斑鸠和鹧鸪等各种鸟类的叫声此起彼伏，还有猴啼、蝉鸣以及许多其他生物的叫声。可以用来制作香水的芳香树脂从树上倾泻而下。树木被砍伐后，恩奇都遗憾地说他们“把森林变成了一片荒地”。[12]

就像普罗米修斯偷天火或亚当和夏娃吃下智慧树果实一样，这次掠夺行为通过一次侵犯开创了文明，或者至少是有助于开创。由于木材是一种重要的建筑材料，这个故事表明，单单是住在木制房屋中就可能令人们成为有罪的共犯。年复一年，这种矛盾心理伴随着森林和那些在森林中生活的人，与我们对狩猎或吃肉的复杂感情不无类似。森林已经被定性为一种早于文明的原始状态。

两个主人公杀死洪巴巴并掠夺他的森林后的事件似乎发生在一个堕落的世界中。洪巴巴是史诗中第一个死去的角色。恩奇都和吉尔伽美什蓄意杀死了洪巴巴，所以他们在某种程度上意识到了死亡，但他们似乎并没有理解这种终结。他们摧毁了一片森林，却没有意识到后果，就如同后世很多文明的所作所为那般。在洪巴巴死之前，死亡没有在史诗中担当任何作用，但从此之后，它完全主导了叙事。

吉尔伽美什通过杀死洪巴巴获得了他想寻求的声誉，但这导致了他的伙伴和他自己的毁灭。他的魅力吸引了女神伊什塔，女神向他求婚。吉尔伽美什拒绝了，说伊什塔毁了她过去所有的情人。伊什塔回到众神的居所，大发脾气，最后，伊什塔的父亲天空之神安努同意将天之公牛（金牛座）释放到人间。这头公牛喝光了湖泊和河流的水，喷出可怕的气流，但恩奇都和吉尔伽美什最终杀死了它。恩奇都扯下公牛的一条前腿，砸向伊什塔，伊什塔随后在天神集会上告状。她威胁道，如果不满足她的心愿，那她就要让死者复活，让他们征服活着的生命。众神妥协了，但他们说吉尔伽美什可以活下去，但恩奇都必须死。恩奇都于是痛苦地死于瘟疫，失去了伙伴的吉尔伽美什开始了一场漫长的朝圣之旅，想寻找永生不朽的奥秘，但以失败告终。

最后，吉尔伽美什回到他的王国，用砖块和石头筑起一堵保护墙将王国围了起来，这并不是任何征服，但成了他不朽的成就。这一行为是对征服荒野这一目标的放弃，也是保护人类领域的决心。这是一个环境寓言，对于今天，意义仍然与最初写出来之时一样重大。[13]

我们仍然在谈论人类对自然的“征服”。美索不达米亚的古代人可能没有能力用完全抽象的术语来表达这一理念，但这显然是吉尔伽美什的成就。特别是在苏美尔语版本中，对黎巴嫩森林的探险被认为是一场征服战争。洪巴巴 / 哈瓦瓦是自然的化身，砍伐森林是对战败国的掠夺。这个过程中伴随着实现征服自然这一目标的恐惧、犹豫、矛盾、狂热和悔恨，这些感情可能是真实存在的，也可能是虚构想象的，但无论如何，征服过程中至今都是类似的情感。

吉尔伽美什森林之旅的故事有一个神话结构，在未来千年的故事中都可以看到。森林经常被人格化为一个单一的存在，森林躯体内的一个灵魂。在千百年以来有记录的故事中，一个英雄在艰难困苦之中或追求荣耀的驱使下，进入森林深处，遇到了森林守护者。如果他杀死了森林的灵魂，森林就会失去恐怖、野性和活力。如果他与森林的灵魂达成谅解，就有可能相对和谐地生活在森林周边。

恩奇都和吉尔伽美什杀死洪巴巴之后可能会产生一些遗憾，但他们没有举行任何仪式表达遗憾，也没有举办什么纪念活动。森林的统治者没了，森林便失去了野性，再也无法恢复，从此人可以随心所欲地对待森林（和熊）。就这样，在未来的一千年中，除了欧洲最偏远的林地之外，熊将被无情地捕捉、杀害和驱赶。征服者还会嘲笑它们，强迫它们在集市上戴着镣铐跳舞。

猎熊也成为美国早期驯服荒野的象征。像丹尼尔 · 布恩和大卫 · 克洛科特这样的拓荒者都因捕杀熊而闻名。美国总统西奥多·罗斯福(昵称“泰迪”)是荒野保护的倡导者，根据高度浪漫化的描述，他因救下了一头熊而闻名。

一个现代版洪巴巴

作为一名大学里的文学教师，我最喜欢给学生布置的任务是去重新讲述一个发生在遥远过去的另一个时代的故事。如果瑞普·凡·温克尔不是生活在18世纪晚期，而是生活在20世纪，会是什么样子?如果他不是在美国独立战争前睡了十年，而是在第二次世界大战前入睡的呢?醒来后，他会对美国与其昔日盟友苏联之间的冷战感到困惑吗?他能尽快适应电视这一新媒体吗?

那么，我们又该如何重新讲述现代背景下吉尔伽美什、恩奇都和洪巴巴的故事呢?美国作家威廉·福克纳在他的中篇小说《熊》中做了这样的尝试，这部作品收录于小说集《去吧，摩西》(1942年)中。尽管在福克纳写这部小说之前的五十年，《吉尔伽美什》就已经为人所知了，但没有迹象表明这位美国作家受到过这个故事的影响，他甚至可能没有读过这个故事。他只是在不知不觉中重新创造了它。他能在时隔四千年后重新讲述这个故事，这一事实证明，尽管出现了那么多的新技术、战争和其他剧变，但人类文明的一些基本动力几乎没有改变。

这个故事的背景设定在19世纪晚期的密西西比州，站在一个名叫艾克·麦卡斯林的男孩的视角讲述，他正在学习成为一名出色的樵夫，却发现就在他完善技能时，森林失去了野性。这片森林一直受到一只名叫“老本”的大熊的保护，艾克是少数敢于探索这片森林的人之一。老本是一个神话般的形象，只要它不侵犯镇上人的领地，镇上大多数人都愿意不理会它，任凭熊在它自己的领地里生活。但当老本杀了一些牲畜后，情况就变了。山姆老爹，一个美洲印第安人和黑人的混血儿，组织了一支狩猎队去追捕老本并要杀死它。他得到了布恩·胡根贝克的帮助，布恩差不多是个野人，和狗睡在一起。他身形巨大，超人般的强壮，完全没有恐惧，而且无比天真。当子弹似乎对老本不起作用时，山姆派了一只名叫狮子的大狗去攻击老本。老本用爪子将狗撕裂，这时布恩从后面扑向熊，并割断了它的喉咙。[14]

山姆，这个更通晓人事的猎人，可以比作吉尔伽美什，而布恩肯定令人联想到恩奇都。但这一次，与美索不达米亚的史诗不同，必须死去的是前者。老本就是山姆神秘的对应者，老本死了，山姆也便没有了活着的理由。狩猎之后他便倒下了，很快就死了。至于布恩，在用刀杀死熊之后，他射杀的却是松鼠这样的猎物，他再没有杀熊时的英勇了，甚至更加幼稚。狩猎区被卖给了一家伐木公司，剩下的森林也不再原始。

最后，吉尔伽美什和恩奇都杀死洪巴巴的故事还让我想到了电视节目《沃尔特·迪士尼出品》中的一首小曲，我在芝加哥的童年时光中听过很多遍，即使现在我已经 70 多岁了，它仍然铭刻在我的记忆中。这首小曲的第一节讲述了大卫·克洛科特在山中出生，在森林里长大，并在三岁时就已经杀死了一头熊。接下来是一句副歌："大卫，大卫·克洛科特，荒野边境的王者。"[15] 克洛科特身上结合了两位美索不达米亚英雄的特征：既像恩奇都一样是一个"野人"，又像吉尔伽美什一样是一个王者。他就像他们一样，杀了一只熊，然后接管了森林，成为森林的统治者。

我们的森林中熊的踪迹越来越难寻觅，这留下了一个想象的空白，人类就像一支殖民军队一样，拥立了另一位君主。在 12 世纪和 13 世纪的欧洲大部分地区，以及几百年后的北美，对于人类皇室和贵族来说，雄鹿开始成为神圣狩猎的唯一对象。[16]

让·布尔迪雄，《圣于贝尔的灵视》，《布列塔尼的安妮的时祷书》（1503—1508）的插图。

5　皇家狩猎

雄鹿角的构造和生长都类似树枝；构成鹿角的物质的性质可能更像是木材，而不是骨头；可以说，它是一种嫁接在动物身上的植物，兼有两者的性质，形成了大自然总是将两个极端拉近的那些阴影部分之一。

——乔治－路易，布丰伯爵

鹿会随着季节改变颜色，很像树叶，它们的角则像树枝。它们的行为也像树一样，以年为周期，在深秋发情，在春天或初夏分娩。18世纪著名动物学家布丰伯爵认为雄鹿的鹿角是一种植物，因为鹿角“保留了其起源的植物形态的所有特征，生长、扩展、变硬、变干和分离脱落的方式与树枝相似。……它像树枝上成熟的果实一样，在完全成形后会自然脱落。”[1] 森林和木头的法语单词都是 bois，这个词也可以指鹿角。实际上，雄鹿就是森林。

关于雄鹿，布丰还做了这样的描述：“它轻盈优雅的体型，灵活而紧张的四肢，宏伟、强壮而敏捷，头上活生生的树枝更像是装饰，而不是武装，就如同树木的叶子，每年都会更新”，令它成为森林动物中“最高贵的”。因此，人们可能会认为，极度关注动物福祉的布丰会反对猎杀雄鹿。然而相反，无论如何，他认为猎鹿是伟人们的追求。[2]

鹿的英语 deer 一词来自古英语 dēor，意思是“动物”。德语中的 tier 和荷兰语中的 dier 等与英语有亲缘关系的词也都是“动物”这个意思。这个词可以一直回溯到印欧语系的 dheusõm，意思是“会呼吸的生命”。[3] 雄鹿代表森林中的动物，就像国王代表他的人民和土地一样。崇高狩猎成了一项普遍的戏剧，一场文明与荒野的对抗，伴随而来的是各种复杂而矛盾的心理。布丰写作的立场也许是一名现代早期的科学家，但他阐述的是一种古老的范式，一种自新石器时代以来几乎没有变化的范式。用人类学家伯特兰·黑尔的话说："狩猎不仅仅是一项简单的'贵族的'活动；在本体论上，狩猎与国王－英雄角色承担的文明化功能有关。"[4]

在很久很久以前，雄鹿就已经成为统治者的象征，而对它的狩猎是一种周期性的、仪式性的弑君行为，最终目的是重申统治者的权力。特别是在北欧，这种制度被基督化了，雄鹿成了被杀死又复活的神的象征。

自然成为荒野

考古学家让－德尼·维涅认为，"野生自然"和"文明"之间的界限是在新石器时代形成的。根据维涅的说法，动物的驯化与"狩猎管理"几乎同时发生，"狩猎管理"是指将动物转移到狩猎区，在那里管理甚至最终收获猎物。狩猎管理最初涉及的动物主要是鹿，主要证据是鹿不仅在整个欧亚大陆分布极其广泛，而且似乎在新石器时代就被引到了很多岛屿上，从地中海的岛屿到赫布里底群岛均有，这些地方只有通过人类的运送才能到达。[5]

维涅认为，由于狩猎管理带来了复杂的劳动分工，成为人类出现阶级分化的部分原因。真正的猎鹿是所有活动的高潮，最终具备了彰显身份地位的巨大象征意义。次要活动则根据其重要性而具备了较低的等级。鹿的转移早在有文字记载的历史之前就开始了，而许多民族，包括赫梯人、巴比伦人和亚述人，以及很久以后的希腊人和罗马人，都证明了皇家园地中有专门养鹿作为狩猎之用。[6]

我们倾向于认为狩猎先于驯化，无论是从时间上还是本体上。对于赞同打猎的人来说，打猎是"自然的"；对于不赞同的人来说，打猎是"野蛮的"。今天，我们也认为狩猎是男性的，采集是女性的，但这可能有一定原因是我们将更现代的按照性别进行的劳动分工投射到了遥远的古时候。[7] 如果像维涅所认为的那样，动物的驯化和我们所知的狩猎大约出现在史前的同一时代呢？在这两者出现之前，人类是如何获得肉类的呢？可能在更遥远的时代，人类或人类的原始祖先认为采集、狩猎和食腐之间没有什么区别。这三项活动都可能存在危险。人类可能只是单纯地冒险外出寻找食物，获得何种形式的食物都是可以接受的。

尽管很少被研究甚至很少被认识到，但狩猎管理是一种非常普遍的人与动物的关系形式，其重要性在某种程度上可与驯化相媲美。鹿是最普遍、最生动的例子，但绝不是唯一的例子。诺曼人将兔子和小鹿引入英国用于狩猎。中世纪末期，野鸡被从亚洲进口到英国和欧洲大部分地区用于狩猎。在现代早期，当欧洲水手探索加勒比海和其他岛屿时，会定期放生猪，以便在返程时捕食。在 19 世纪末和 20 世纪初，欧亚野猪被引入美国的狩猎保留地，这种引入发生过很多次，因为在引入后它们会逃出保留地，变为彻底的野生动物。即使猎人没有刻意地转移猎物，他们也经常刻意地管理猎物的栖息地以增加猎物数量，就像美国的“野鸭无限”等组织改善水鸟的栖息地那样。

传统观念认为驯化是发生在特定时代的独特事件，但也许我们需要重新审视一下这个观念。大多数家养动物，包括狗、猪、蜜蜂和鸡，都有野生同类。有时，宠物或牲畜可能会与各自同类的物种生活在一起，偶尔还会与它们杂交。人类对家养动物生活干预的程度和性质在不同的时代有很大不同。在中世纪的村庄中，猪往往被允许自由走动，吃餐桌上的残羹剩饭，只有在节日时才会被隆重宰杀。欧洲的马有时也会被放到树林或田野里让它们自己觅食，到需要用它们时再抓回来。直到 20 世纪 50 年代左右，美国的家犬也经常获得类似的自由。鸡通常是半家养状态，至今有时仍然如此，它们自己觅食，人们除了收集鸡蛋外，几乎什么都不做，这种传统做法如今又复兴了，叫作“散养”。今天，我们经常控制着家养动物生活的几乎每一个细节，但在历史上的大部分时间里，按照目前的标准来看，它们几乎都是野生的。

收获和采集

人类学家伯特兰·黑尔将当今欧洲大陆上的猎鹿划分为两类。第一类他称之为“收获型狩猎”，猎人对鹿进行管理，提供喂养和保护，并努力将种群密度维持在最大可能。由于有理论认为不合规范的生长是繁殖能力差的标志，猎人甚至可能试图淘汰那些鹿角不对称的鹿，以从基因层面改善鹿群。狩猎之时，猎人采取潜行的方式在树林中移动，寻找能获得最佳战利品的动物，并射出箭或开枪。这种模式盛行于德国、奥地利、波兰、匈牙利、阿尔萨斯和法国的其他一些地方。

另一类被黑尔称为“采集型狩猎”。使用这种方法的猎人并不努力管理猎物。其目的不是获得战利品，而是保护农场免受觅食动物的侵害。猎人们成群结队地进入森林，敲打植物，将鹿从隐蔽处驱赶出来，从而杀死它们。猎人的态度是务实的，仪式感保持在最低限度。这是在希腊、意大利和法国大部分地区流行的方法。

收获型狩猎是一种贵族操作，需要对大片土地具有控制权，还需要管理操作所需的资金和精力。因此，可能只有很少一部分人采用这种做法。相比之下，采集型狩猎是一种相对平等的社区努力，前提是将人类和野生动物截然区分开来，这可以追溯到与动物驯化相关的传统。[8]

这两种狩猎方式看起来截然不同，但根据黑尔的说法，它们建立在相同的基本假设基础上。在这两种方式中，狩猎都有可能导致狂热，参与者自己也会变得像野兽一样。在德语中，这被称为“狩猎热”（Jagdfieber）。这种状态有点类似于各种宗教恍惚，如酒神节狂欢者、维京的狂暴战士、超凡的基督徒、苏菲派的苦修僧人等。像所有这些一样，狩猎热在神圣与僭越之间保持着不稳定的平衡。这是对日常生活的平淡的超脱吗，还是精神错乱，又或者是超自然附身？

在诸多中世纪古诗中，这种幻梦状态都是宗教神启的前奏。13 世纪后半叶，一部流行的宗教传说故事集《黄金传奇》中讲述了狩猎热引发圣尤斯塔斯皈依的过程。圣尤斯塔斯原名“普拉西杜斯”，是罗马皇帝图拉真的军队指挥官。一天，他和士兵们一起打猎，遇到一群鹿，其中有一只特别大、特别漂亮的雄鹿。它跑进森林深处，普拉西杜斯跟着它，把同伴甩在了后面。最后，雄鹿爬上一座高峰。普拉西杜斯抬头看去，发现雄鹿的角中间有一个十字架。基督借着鹿的口对他说话，告诉他要受洗。普拉西杜斯遵从了基督的旨意，并且令妻子和孩子皈依基督，他开始使用尤斯塔斯这个名字，最终殉教并被追封为圣徒。[9]

圣于贝尔的故事大体与之相同，他是查理曼的父亲丕平国王朝廷中的骑士。他把一生都奉献给了狩猎，有一次他在耶稣受难日打猎，也遇到了一只鹿角间有十字架的雄鹿。这一次是十字架上的人说话了，威胁他说如果他不放弃轻浮的行事风格，便将受到诅咒。于贝尔放弃了狩猎，散尽家财，加入教会，最终成为一名主教。[10] 他并没有完全否定狩猎，而是为狩猎行为制定了道德准则，于贝尔至今仍被猎人视作守护神。

对于男人来说，直到最近的时代，狩猎狂热似乎仍然是一种无止无休的驱动力，类似于弗洛伊德理论中的性，只能通过精心制定的禁忌和规定加以控制。18 世纪末，吉尔伯特·怀特牧师如此描述他的家乡塞尔伯恩村：

> 虽然大规模的鹿群对附近地区造成很大破坏，但对人们道德的伤害比庄稼的损失更严重。这种诱惑是无法抗拒的，因为大多数人天生就是冒险家，而且人类天性中有一种根深蒂固的狩猎精神，任何限制都无法约束。[11]

将这种强迫性冲动行为仪式化，并将其限制在贵族范围中，似乎是一种令其至少可控化的方式。

人们担心，如果一个猎人在与野兽的接触中行事过激，可能也会变成野兽。这种恐惧贯穿欧洲所有的狩猎传统，但各个文化中对前景的看法并不相同。狩猎狂热到底是应该明智审慎地避免，还是可以适度放纵，又或者是可以走向极端呢？收获型狩猎和采集型狩猎都是基于一种世界组织，这种组织构建的基础是对以森林和野生动物为代表的野蛮状态与以城镇和农场为代表的文明状态的截然两分。狩猎是两者之间的中间媒介，试图找到一个适当的平衡，但总是会涉及一些超越文明生活界限的危险。不同文化对狩猎概念的区别主要在于把界限放在哪里，以及如何捍卫这个界限。

正如《利未记》中所记载的，希伯来人的文化有许多范围广泛的饮食限制，尤其是禁止食用带血肉类的规定（《利未记》17 章），因此，食用猎物几乎不可能。对食用动物的屠宰仅限于在神庙祭祀时更受控制的条件下进行。很少有文化做到如此地步，但几乎所有文化都至少在狩猎方面有所限制和禁忌。在中世纪和现代早期的“狂野狩猎”传说中表达了过于沉迷狩猎的危险，故事中通常有一群幽灵般的猎人在暴风雨中骑着马带着狗飞驰而过。这些人物可能是鬼魂、精灵或死人，有时他们由大神奥丁带领。在一些版本中，猎人是孤身一人的形象。根据格林兄弟记录的一个日耳曼传说，符腾堡的埃伯哈德伯爵有一次骑马去森林打猎。一声巨响后，他看到一个孤独的骑士骑马穿过天空。伯爵非常害怕，但是那个人下了马，站在一棵树上，并向埃伯哈德保证他没有恶意。之后幽灵承认他曾经无比热爱追猎，甚至恳求上帝让他狩猎直至审判日。这个愿望被许可了，因此五百多年来他一直在追逐同一只雄鹿。[12]

在欧洲的民间文化中，狩猎狂热被视为拥有“黑色血液”。这种传奇的物质有点像睾丸激素，据称在各种动物身体中浓度不同：家养动物拥有的最少，而鹿和野猪要多很多。它集中在动物身体的某些部位，臀部相对较少，内脏较多。最重要的是，它存在于不同的人群中，非猎人和妇女的含量很少，而偷猎者和樵夫的含量最多。[13]

自新石器时代以来，包括希腊人和罗马人在内的地中海地区的人们一直比较谨慎，不敢逾越他们所认为的文明生活的界限。这就意味着在营养摄入方面，人们更倾向于食用来自耕地的谷物、来自葡萄园的葡萄酒、来自果园的水果和来自家畜的肉。[14] 大多数希腊人和罗马人都对狩猎不感兴趣，但是，即使这样，狩猎狂热也并非完全没有。一些罗马皇帝，如图拉真和哈德良，都是痴迷的猎人，虽然他们通常喜欢野猪和熊等更危险的动物，而不是鹿。[15]

希腊和罗马也有关于狩猎狂热的故事，其中有一个是阿克特翁和狄安娜的神话。这个故事有好几个版本流传至今，但由奥维德记录的版本最广为人知。故事开始时，阿克特翁和同伴们完成了一天的狩猎，收获满满，开始收拾布下的罗网。女神狄安娜和她手下的宁芙们也打了一天猎，她们脱去衣服在一个洞穴里洗澡。不想停下打猎的阿克特翁遇到了她们。女神伸手去拿弓，但是弓没在手边，所以她向阿克特翁泼水。他感觉到自己的身体发生了变化，然后向水池中看去，发现自己变成了一头雄鹿。他想大声喊叫，但已经失去了说话的能力。他心爱的猎犬看到了他，并没有听从他的命令，而是把他撕成了碎片。[16]希腊的几个版本——包括欧里庇得斯的《酒神》中的一个版本——都有记载，阿克特翁向女神阿耳忒弥斯夸耀自己作为猎人的英勇。阿克特翁的越轨行为最初可能是在女神的圣林中狩猎。[17]在所有版本中，阿克特翁都因为对狩猎的过度热情而被惩罚，因而失去了人的属性。

皇家保留地

在中世纪晚期之前，中欧和北欧的森林范围似乎是无穷无尽的，人们认为森林中的资源是上帝的礼物。总的来说，森林是一片名为“森林群落”的共享区域[18]，不仅可供隐士作为隐居之所，供贵族追猎猎物，也可供农民寻找柴火、医生寻找草药、厨师寻找食用根茎，甚至让农民把羊群或小猪留在森林中觅食。森林和海洋有些相似，或者在我们这个时代，和外太空有些相似。尽管这些森林是公共财产，但当地人对如何以及在多大程度上可以将其用于农业、狩猎和觅食有许多自己的规定。

拉丁语中表示树林的词是 nemus，语源可能来自 locus neminis，意思是“不属于任何人的地方”。[19]从古罗马到殖民时期的美国，主张土地成为自己的财产的一种方式便是砍伐掉生长在那里的树木。这种认为森林是共有资源的观点如今仍然存在，只是有所弱化而已。在苏格兰、德国和斯堪的纳维亚半岛的大部分地区，林地所有者不能阻止人们在林地中行走。即使在私有财产可能比其他任何地方都更加神圣不可侵犯的美国，林地的所有权似乎也不及开垦过的田地或房屋的所有权那么绝对。西奥多·罗斯福在一份反对砍伐森林的抗议书中写道："民主在本质上意味着少数人不得为了一己私利破坏本应属于全体人民的东西。"[20]

正如我们将在后文中看到的，森林总是更多地被其神话特征定义，远胜过被植被定义。它与城市形成对比，城市受法律和习俗管辖。从本质上说，森林是荒野，是与世隔绝的地方，既没有文明带来的舒适，也没有文明带来的腐朽。这是一个人可能被恶魔折磨但也可能与上帝交流的地方。尽管在我们看来森林和沙漠是截然相反的，但由于上述原因，圣经故事中的沙漠经常与森林混为一谈。荒野经常被描述或描绘成一种不确定的景观，有岩石、洞穴、山脉和树木。根据传统，就是在这种景观中，流亡的尼布甲尼撒王发疯（《但以理书》4:25–30），施洗约翰接收到了宗教召唤（《以赛亚书》40:3;《马太福音》3:3;《马可福音》1:2–3;《路加福音》3:3–6）。安东尼和隐士保罗就是在这样的地方避世隐居。[21]

但在中世纪后期，随着人口的增长，资源的极限越来越凸显，农民对森林的持续利用干扰了修道士的独处和贵族的狩猎。法语单词 for ê t 是英语单词 forest 的根，最早由 7 世纪时统治着法兰克 – 日耳曼王国的墨洛温王朝开始使用。[22] 这个词来自拉丁语 foris，意思是"外部"，与"外国"（foreign）有关联。"森林"最初是指一个与其他区域分开的区域，未经授权不得使用。for ê t 这个词初见于公元 648 年的一份特许状中，该特许状授予一个修道院院长在阿登森林中建造供修士们隐居的修道院的权利。[23] 这个词渐渐变成主要指被国王划出的大片区域，用于狩猎，并禁止其他形式的开发利用。

关于森林法最全面的记录是约翰·曼伍德所著的《关于森林律法的论文与论述》。曼伍德是一名律师，曾在英国沃尔瑟姆森林担任猎场看守人，这部著作首次出版于 1598 年。曼伍德认为："森林是一片有林地和肥沃牧场的特定区域，为森林、猎场、繁育场中的野兽和鸟类保留，令它们可以在国王的安全保护下休息和居住，以供国王娱乐和消遣。”[24] 除了国王以外的人可以在森林中耕种甚至拥有土地。威廉一世的《末日审判书》是英格兰进行的第一次人口普查，在其中，不可以被轻易测定的森林的规模是通过其供养的觅食的猪的数量来衡量的。[25] 界定森林的与其说是风景，不如说是一个有别于其他地方盛行体系的法律体系。森林不仅有自己的法律，还有自己的宫廷、行政人员和习俗。

国王们还声称追猎是皇家特权，并为此保护森林。大约在 9 世纪初，查理曼颁布了《维利斯法典》，将狩猎和森林置于严格的法律保护之下，禁止砍伐森林和大多数形式的开发利用。这是他对权力和威望的掌控，不仅仅是作为国王或皇帝，还作为上帝在人间的代表。[26] 这意味着不仅人，甚至树木和动物都臣服于他的权力，受到他的保护。他拓展了财产的概念，也扩展了“文明”的领域。从许多方面来看，对森林提出权力主张是殖民化的早期形式，这种主张最终将扩展到外国的土地。这并没有立即取消集体共同使用森林的权利，如收集木材和放牧牲畜。这些都是由传统确立的，新的法律往往很难强加于上。此外，传统的森林管理方式有许多地方差异。但是新的法律确实确立了一种将持续千百年的趋势，即森林管理越来越由中央集中控制。

加洛林王朝还改变了狩猎的性质。以前，狩猎的方法是将鹿驱赶到网中，这样效率相对较高。此时取而代之的是充满仪式感的暴力狩猎：一只鹿会被狗和骑马的人追逐，直到它筋疲力尽倒下。狩猎的程序被详细地安排好，并按仪式惯例严格执行。根据加斯东·弗布斯于 1387 年首次出版的《狩猎之书》，在狩猎的前一天，人们会在户外举行宴会。贵族或国王将会见整个狩猎队，从猎人和马夫到狗，并给每位分配一个任务，然后他将为第二天早上开始的狩猎设定一个集合地点。侦察人员会选择一只雄鹿，确定它的位置，并获得它的粪便，让狗熟悉其气味。狩猎开始时以吹响号角作为标志。狩猎的领头人会确保狩猎队一直追踪雄鹿，即使雄鹿跑到了溪流另一边也要追下去。最后，到雄鹿跑不动时，他就用剑把它杀死。[27]

狩猎中最具仪式感的部分是分鹿，每个参与狩猎的人都得到与其任务相称的部分，从而肯定并巩固社会秩序。懂得如何准确分割雄鹿

加斯东·弗布斯《狩猎之书》中的插图，15世纪。请注意，步行的农民尽管在前景中，但依然比骑马的贵族或雄鹿小得多。中世纪的狩猎确认了一种等级森严的封建秩序，在这种秩序中，普通人的地位低于被狩猎的动物。

的深奥知识是有教养的绅士的标志。生殖器、肝脏和其他一些部分会被放置在一根分叉的棍子上；躯干被仔细分割；其他内脏放在鹿皮上，是给狗吃的。最后，雄鹿的头被挂在树枝上，十分盛大地敬献给国王或最高等级的贵族，仪式上要吹奏号角。根据克林根德的说法，这个战利品代表着统治者自己的头，象征着某种象征性弑君狩猎后的复活。[28]当然，这种仪式有地方性或个人化的变体。当英格兰的詹姆斯一世杀死一头雄鹿时，他会割开它的喉咙，然后亲自将鹿血涂抹在朝臣的脸上，而他们被禁止洗掉这些血。女性通常不参加贵族狩猎，但也有很多例外，她们有时会用雄鹿的血洗手，认为这样可以美白皮肤。[29]

中世纪的贵族狩猎将狩猎的神秘性发挥到了极致。围绕着狩猎形成了一套精心设计的礼仪和词汇，对狩猎规则的掌握成为一个真正贵族的标志。即使发音错误也可能受到惩罚。[30] 就像同时代的采集型狩猎一样，这也是整个社群的努力，但是，它又像收获型狩猎一样，确认了一种严格的等级秩序。[31] 对于中世纪的皇室和贵族来说，狩猎往往会变成一种劳民伤财的痴迷。威廉一世于 1066 年征服英格兰，之后几乎立即划出了包括新森林在内的好几片面积广阔的土地作为狩猎保留地。在征服英格兰后的一百年中，他和之后的三任继任者几乎都以打猎为生。到 12 世纪初，英格兰大约有四分之一的地区受到森林律法管辖。[32]

贵族狩猎就像弥撒一样，是基督受难的仪式性表演，鹿扮演基督的角色，猎人扮演基督的迫害者。鹿有时会转身面对追捕者，这种特

独角兽过溪（来自独角兽挂毯），荷兰南部，1495—1505 年，羊毛、丝绸和银织造。猎人们以一种仪式化的方式完成他们的任务，上演了一出罪和救赎的戏剧。

性更强化了仪式，因为这实际上是像基督一样牺牲自我。猎物的分割和分配是仪式高潮，类似于圣餐礼。这似乎有点矛盾，但基督徒在与上帝关系中的主要身份是罪人。信徒的目标从来不是完全避免犯罪。基督徒认为人类是在罪恶中孕育的，他们的目标是重生为一种原始的纯真，而森林和鹿便是这种纯真的象征。

这一宗教维度在 15 世纪晚期佛兰德地区的独角兽挂毯中非常明显，纽约大都会艺术博物馆的回廊中就藏有这样的挂毯。女士们、贵族们和他们的仆人们以一种庄严肃穆的方式四处搜寻独角兽，尽管他们的表情有时含着残忍。狩猎结束后，这些人悲伤地抬着被杀死的独角兽的尸体。在一幅挂毯中，独角兽将角浸入溪水中使水得到净化，在它的对面有一只雄鹿，[33] 独角兽和雄鹿可能分别代表教会和国家。

在托马斯·马洛礼的《亚瑟王之死》中，寻找圣杯的冒险始于亚瑟和桂妮维亚的婚礼，一只白色雄鹿被一群狗追逐着穿过大厅。高文爵士和他的兄弟加荷里斯爵士骑马去追赶雄鹿，但这一追逐只走向了毫无意义的大屠杀，因为一路上都有骑士向他们挑战。最后，雄鹿躲到另一座城堡里避难，结果被狗攻击而死。

在史诗接近尾声时，最初的场景再次出现，但骑士们变得更聪明、更冷静。鲍斯爵士、帕西瓦尔爵士和加拉哈德爵士看到一只白色雄鹿被四只狗追赶。他们跟随雄鹿来到一位神圣隐士的居所，隐士正在唱诵弥撒曲。雄鹿变成了耶稣基督，而狗则变成了四位福音传道者的象征——人、牛、鹰和狮子。五个形象在祭坛上各就各位，隐士完成弥撒后，他们穿越玻璃窗消失不见，但没有把玻璃打碎。一个声音宣布，上帝之子以这样的形式进入了马利亚的子宫。最后，隐士解释说，雄鹿是耶稣基督，“因为经常……我们的主对如同雄鹿一样的善良之人和善良骑士现身”。[34] 许多传统，包括凯尔特人、希腊人、罗马人、中国人和美索不达米亚人的传统，都认为雄鹿具有某种神圣的地位。例如，在前迈锡尼艺术中，它经常被用作驾驭太阳的战车。有一个传统可能源于琐罗亚斯德教，但在中世纪欧洲得到了发展，是将雄鹿和蛇设定成敌人，雄鹿代表基督，蛇代表撒旦。[35]

森林领主

从实用主义目标层面而言，这种贵族狩猎的效率低得离谱。整个团队要用上一天的时间才能杀死一头雄鹿，而一个单独的弓箭手几分钟就可以做到。狩猎也没有减少鹿的数量，鹿群仍然可能啃食庄稼或妨碍森林再生。但是即便有过这样的考虑，也是要严格服从于仪式。

与之相反，在中世纪后期，农民实行的是采集型狩猎模式。他们只被允许猎杀那些被认为不那么高贵的动物，尤其是那些对鹿和野猪等高贵动物有害的动物，包括狐狸、獾、野兔和松鼠，有时也包括家兔和狼。除了棍棒和长矛之外，农民不得拥有其他任何武器，但可以使用陷阱和网。[36]

君权神授是一种宗教理念，甚至是一种神话理念，加洛林王朝将这种神圣权力扩张到了过去公有的森林之上。但是，正如常见的那般，神秘的价值观与经济是紧密绑定的，是因为宗教和经济的趋势都会对同一个由各种文化条件与环境条件构成的复合体做出反馈，也都会对这个复合体有所推动。而这个复合体便是所谓的“社会”。君主可能是一个重要的象征性人物，但他不可能一直生活在那个层次上，更别提他的统治了。与森林相关的各种物品（如木柴、可食用的根茎和草药）和特权（如放牧权）渐渐成为商品，而这些商品还可以被进一步拆解细分。然后国王可以以严格管制的方式授予、出售、禁止、出租、交换或出借这些特权给其他人。[37]其对经济的影响在精心设计的分鹿仪式中得到重现。新兴资本主义秩序从来不是不言自明的，它和其他社会制度一样，也需要通过仪式以塑造和神圣化。

随着中世纪渐渐走向尾声，狩猎的宗教性以及对猎物的尊崇度都有所下降。小卢卡斯・克拉纳赫于 1544 年创作的《萨克森选帝侯约翰・腓特烈猎鹿》描绘了发生在萨克森的一次狩猎。在这场狩猎中，猎人们在森林中追逐着一大群鹿，让它们沿着一条精心设计的路径奔跑，直到最后动物们别无选择，只能躲进一个湖里。鹿游水过湖时，队伍中最高贵的人用弓弩射杀它们，因为枪仍然被认为是不符合骑士精神的。射箭的人包括萨克森选帝侯约翰・腓特烈及其夫人西比勒，

小卢卡斯·克拉纳赫，《萨克森选帝侯约翰·腓特烈猎鹿》，1544 年，布面油画。鹿被杀死的规模之大可以说是工业规模的，而十字弩是高级领主和夫人专用的。狩猎在很大程度上仍然是仪式性的，火器仍然被认为是没有骑士精神而禁止使用。

还有神圣罗马帝国皇帝查理五世。为了避免被鹿看到，他们都藏在灌木中，但他们都穿着精致，场景基本上是一场盛会。

这次狩猎实际上并没有发生，但这幅画描绘的是选帝侯和皇帝之间的友谊，希望以此促成他们之间的和解。[38] 鹿根本不是在一场罪恶与救赎的大戏中扮演一个角色，鹿群被杀的方式几乎是工业化的，但狩猎仍然是与上层社会相关的活动，并成为外交的工具。或许，把鹿赶到水里的军事精准性暗示了选帝侯和皇帝在战争中作为盟友会有多么高效。

中世纪的森林

在很古老的时代，希腊南部就已经因为过度放牧和过度耕种沦为半沙漠。到罗马征服时期，意大利四处都是村庄，土地主要用于农业。

这里几乎没有古老的森林，其中大部分地区树木稀少，被用作牧场。[39] 然而，罗马人和希腊人还是留出了数百片神圣的小树林，以供神居住。最古老的圣林之一位于希腊西北部的多多那，荷马曾提到过这里，希腊人认为橡树叶的沙沙声是预言的媒介。这些圣林因各地习俗的不同而大相径庭。有些——并非全部——圣林有围墙环绕。砍伐、觅食和进入都受到限制或被严格禁止。[40]

中世纪皇家和贵族的森林的开辟是在基督教背景下进行的，但它与希腊罗马森林并非截然不同。在这两种情况下，森林通常都居住着神，而这些神又与宗教等级中的神略有不同。在罗马和希腊，包括德律阿得斯（森林仙子）、弗恩（农牧神）和萨梯（森林神），在中世纪的欧洲则包括精灵和矮人。在这两种情况下，森林中的神灵都仍然是相对亲近的，而其他地方的神灵开始显得遥远而抽象。不过，罗马人和希腊人认为他们的神是不朽的，而基督徒崇拜的则是一个死去又复活的神。正如我们看到的，神的一个主要化身是雄鹿。

在中世纪晚期，森林呈现出一种皇家魅力，这在一定程度上替代了森林正逐渐失去的美丽和壮阔。像狼、猞猁和熊这样的大型肉食动物变得罕见了。生物多样性一直在持续减弱。随着基督教被普遍接受，人们不再认为森林是神灵的家园。但是，根据中世纪的森林法，它们又被重新神圣化了。

中世纪欧洲的森林法将偷猎国王的鹿视作一种象征性的弑君行为。根据从 10 世纪开始的一项加洛林王朝的法律，“封臣如有以下行为将失去封地：攻击领主，对领主持械相向，未经许可在领主池塘中捕鱼，未经许可在领主狩猎保留地中狩猎”。[41] 这将同时剥夺封臣的收入和社会地位。对自由人偷猎的惩罚后来被修改为巨额罚款，但农奴如果偷猎，将被剥夺生命。[42] 在英格兰，根据征服者威廉的森林法，任何在皇家森林偷猎鹿的农民都可能被挖去眼睛、阉割或缝进雄鹿皮内然后丢给狗咬死。[43]

尽管森林法因严厉和令人愤恨而臭名昭著，但它并没有赋予君主无限的权力。森林法确实令君主们成为所有程序和规则的中心。他是森林中野生动物的主人，尤其是鹿的主人。他也拥有树木和植被。总之，君主是一切“野生”生命的主人。贵族可能也有自己的森林保留地，他们的角色也是类似的，只是规模较小。动物考古学家娜奥米·赛克斯在论及诺曼王朝的英格兰时写道：“通过将狩猎权限制在精英阶层，‘野生’与高等的社会地位相关联起来，而‘家养’则等同于下层阶级。”森林法将狩猎动物与皇室和贵族联系在一起，将它们置于比农民和农场动物崇高的类别中。[44] 确实，鹿与农民不同，它们被仪式化地献祭，但也被视作“国王基督”。

长久以来，森林一直深受人类制度的影响，尤其是君主、神职人员和贵族的制度，因此，我们要把森林理解为人类出现之前的一种原始状态是很奇怪的。有一部分原因可能是，随着西方逐渐走向立宪制，国王本人似乎也开始渐渐成了浪漫过去的一部分。森林变成了一种主题公园，王国中的王国，它与新兴的资本主义秩序形成了对比。在森林之中，君主仍然可以“像国王一样”统治，而不是像一个官僚。英格兰的伊丽莎白一世女王本人也是一名猎人，她有时会通过放过一只雄鹿并禁止其他人再追猎它来维护自己的权威，同时彰显自己的宽宏大量。[45] 为追逐一只雄鹿进入森林，与狩猎队的其他成员分开，是许多中世纪浪漫故事的开篇方式。[46]

马洛礼《亚瑟王之死》中的大部分情节都发生在森林里，然而森林里到处都是骑士、贵妇、城堡、怪物和奇迹，一点也不原始，甚至也不自然。相比之下，除了鹿之外的树木或林地动物是很少被提及的。作者将森林理解为一个梦幻景观，在这里几乎一切皆有可能，与其说是一个自然之地，不如说是一个冒险之地。换句话说，这是一个与居家环境不同的环境，通常的预期不再适用。

从中世纪晚期的各种歌谣直至维多利亚时代的青少年读物中都有关于罗宾汉和他手下的好汉们的传奇故事。他们生活在森林中，偷猎“国王的鹿”，但偷猎从来不是他们故事的中心，只是被顺便提及。[47] 像许多其他浪漫的反叛者一样，罗宾汉也呈现出某种神秘性，而这种神秘性正是他本来反叛的对象的性质。也就是说，罗宾汉变成了某种森林之王。好汉们就像一个骑士团，通过勇敢的行为和勇猛的战斗来证明自己。另外，他们消遣的方式也很像骑士：彼此之间进行军事技能竞赛，如射箭、用短棍格斗。虽然许多好汉本身有自己的正业，有的人是磨坊主、制革工人或修道士，但他们似乎从来不从事这些职业，在冒险之余，他们过着无所事事的生活。罗宾汉像英格兰国王一样，他所进行的是一场对抗现代化的战斗，试图保护他的领地免受城市文明的入侵。

不过，罗宾汉的故事也在很多方面推翻了骑士浪漫传奇的套路，如骑士生活在城堡中，骑马进入森林，寻找冒险。罗宾和他的手下生活在森林中，但他们几乎所有的冒险都发生在城镇中或至少是在大路上。与骑士不同，他们永远不必去对抗龙、巫师甚至野兽。这反映了中世纪晚期和文艺复兴时期狩猎保留地的现实，这些地方的管理几乎可以像花园一样。通过放牧牛群减少下层植被，令人们能够骑着马轻松通过树林。否则，贵族狩猎是不可能进行的。基本上罗宾和好汉们的故事是已经世俗化和部分民主化的骑士田园诗。至于鹿，它们被剥夺了神圣的特质，单纯成了食物。也许好汉们和骑士团之间最根本的区别是罗宾和手下人施行的采集型狩猎，而这种行为在贵族看来可能是亵渎神明的。

几个世纪以来，传统森林法的严厉禁令逐渐被复杂的法规取代。猎鹿行为是能够彰显男子汉气概的方式，所以保留了其大部分神秘色彩，并因为是对封建秩序的一种反抗而平添魅力。18 世纪初，英国经济衰退，农村的下层阶级开始大规模偷猎乡村庄园的鹿。他们会涂黑脸来伪装自己，所以被称为“黑人”。为了应对这个情况，政府通过了一项法律，即 1723 年的“黑人法案”，恢复了在特定条件下偷猎鹿会被判处死刑的规定。

吉尔伯特·怀特抱怨：“本世纪初，全国上下都在疯狂偷鹿。如果不做个猎人——他们就是这么装腔作势地称呼自己的——任何年轻人都是没办法有男子气概和勇气的。”他描述了曾经的“黑人”如何在酒馆里喝着啤酒夸夸其谈，其中充满了毫无必要的残忍。有一个人盯着一头怀孕的鹿生出小鹿，然后立即抓住小鹿，用刀割伤它的脚，这样，当它长肥到可以杀了卖钱时是无法逃跑的。[48]“黑人”遵循的基本模式当然是采集型狩猎，但在怀特看来，是来自当局的高压和狩猎狂热合

埃德温·兰西尔爵士，《幽谷之王》，约1851年，布面油画。鹿角分成十二个叉，被认为是皇室的标志。

力打破了一切限制。对他们来说，这也是一种运动，但这种运动与其说是为了对付猎物，不如说是为了对抗当局。

1723年的“黑人法案”于1823年被基本废除。随着平民开始投入猎鹿运动中，上层阶级将注意力转移到了狐狸身上，贵族们骑着马，带着猎犬，以一种仪式化的武力对抗的方式猎取狐狸，就像以前猎鹿一样。但是即便做法相似，象征意义则不一样了。猎鹿是一种仪式性的弑君行为，旨在缓解紧张局势并防止真正的弑君事件发生，但猎狐并不是。狐狸代表了向上流动的农民和中产阶级，正如欧洲中世纪传说《列那狐》中的狐狸所代表的那样。贵族们充满仪式性地追猎的是他们享有财富和权力的竞争对手。讽刺的是，由于狩猎，英国的狐狸几乎灭绝，不得不从欧洲大陆进口狐狸。猎狐比猎鹿更不实用，因为猎狐能提供的肉少得可怜。不过，有些昂贵的配饰，如女士用的手袋或披肩由狐狸皮制成，狐狸的头和尾巴都还保存在上面。

威廉·海因里希·里尔是19世纪欧洲重要的保守主义理论家，在德国尤为有影响力，在他看来，国家认同是一个有机的整体，既包括土地，也包括人。国家，就像动物的身体一样，按等级组织起来，各部分协调工作。森林是贵族狩猎和农民觅食的地方，与封建秩序相对应，而田野则是中产阶级的领地。公有森林的范围是衡量新旧统治阶级冲突优势倾斜的标准。将公有森林分割成私有田地是现代的罪恶。尽管如此，森林仍然是精神活力的源泉；未来将属于德国和俄国这样拥有茂密森林的国家。[49]这是一种幻想，其基础是对过去某个不确定时间的森林作为公共财产的时代的怀念。

F.A. 莱顿，为威尔逊的诗《致一只野鹿》所作插图，尤其描绘了开篇的几行："向你致敬，荒野之王，你由自然孕育，从清晨薄雾中跨越百座山巅"，出自《诗人的珍宝》(1859—1860)。

贵族继续在自己的庄园中猎鹿，但越来越多地使用火器潜行追踪，而不是全力追捕。在维多利亚时代，鹿仍然保留了与王权的关联，虽然女王失去了权力，但君主的象征意义则被保留，甚至还有所加强。皇室仪式变得更加烦琐和复杂，女王甚至还得到了新的头衔，如“印度女皇”。艺术家们经常描绘一头雄鹿站在山顶上，身边簇拥着其他鹿，眺望着延绵起伏的远方。这类画作中最出名的也许是埃德温·兰西尔于 1851 年创作的《幽谷之王》。最初委托创作这幅画是为了装饰上议院，但下议院也许是察觉到了上层阶级的象征性崇拜，拒绝支付费用，因此画被卖给了一位赞助人。肯尼斯·克拉克写道，这幅画“是维多利亚统治阶级自我满足的集中体现——掌控一切、勇敢无畏、具有侵略性的男子气概，主宰着整个环境”[50]。

千百年来，鹿角一直是猎人们痴迷的东西，衡量鹿角价值的标准包括鹿角的对称性、分叉的数量等，其中最重要的是角的大小。有些说法认为之所以鹿角受重视，是因为鹿角是基因健康的标志，但这个观点是错误的，真正的原因是它们暗示着王冠。由于大角经常被猎人追逐，拥有大角会令雄鹿陷入危险。兰西尔画中张扬展示的大角肯定是对猎人们的邀战书。对于贵族来说，偷猎者对雄鹿的威胁可能只是增加了一点悲剧色彩。克拉克认为画中反映出的自命不凡也许只是故事的一个侧面。许多贵族意识到了一种缓慢的但不可阻挡的衰落，可能会觉得自己像被猎杀的鹿。

美国的鹿

在美洲殖民化的早期，“森林”一词仍然意味着皇家领地。从这个意义上来说，新大陆没有“森林”，但是这个词的含义被扩展到了其他面积广阔、被树木覆盖的地区。这样的地区更多被视为狩猎保留地的延伸，而不是城市地区和农业社区的延伸。这也就有助于解释为什么殖民者最终会心怀那么多怨恨。国王可能没来过马萨诸塞或弗吉尼亚打猎，但他仍然毅然决然地要保护和开发殖民地。他有权决定哪些树木可以砍伐或保留。17 世纪晚期出现了一个臭名昭著的例子，即在大白松的树干上用斧头划三下，做出“国王的宽箭”标记，以表明这些树不得被砍伐，因为它们要被用于打造皇家海军船只的桅杆。这项禁令引起了广泛的民怨，事实证明最终无法强制执行。

正如前文所述，在英国和欧洲大陆的大部分地区，猎鹿不仅与王权制度密切相关，还与财富和阶级问题密切相关。1605 年的英格兰“狩猎法”为狩猎权设定了严格的财产和收入门槛，因此，自耕农甚至可能无法在自己的土地上狩猎。[51] 对于英格兰殖民地的早期定居者来说，狩猎是有闲暇的绅士淑女们娱乐消遣的一种形式，他们很难理解狩猎怎么会是一个生存问题。美洲原住民可能整天都在打猎，在殖民者看来，这纯属游手好闲。[52] 这甚至表明原住民本身就是更接近野兽的生命。从家养动物身上获取肉似乎是一种更文明、更道德的选择。

然而，猎鹿对于美洲殖民者的生存来说是必要的，尤其是在边疆地区。最终，猎鹿呈现出了与欧洲几乎相反的含义，成了中等收入人群的活动。然而，与野性的联系可能暗示着一种精神上的贵族。在丹尼尔·布恩和安妮·奥克利等人物的身上，狩猎被浪漫化了。最具代表性的是纳蒂·邦波，他是詹姆斯·费尼莫尔·库柏的小说《皮袜子》中的核心人物，有很多绰号，其中包括“杀鹿人”。[53] 对纳蒂·邦波来说，狩猎需要的是快速、人道、高效，不伴随任何仪式。然而，这些杀戮的潜在意义可能与中世纪晚期的狩猎没有太大区别。

进入 20 世纪后，美国人开始重视在危险的荒野中生存，以及随之会产生的暴力，因而森林成为男性的保留地，男人可能会为了逃避女性的要求、期望和抱怨而躲入森林中。在这样的地方，男人们通过钓鱼或打猎“过艰苦的生活”来试图“远离文明”。20 世纪 80 年代很流行在森林过“野人周末”，男人们围坐在篝火边谈论他们的问题。

林中生活

猎人总是试图去推测猎物的心理，以预测它可能的行为。捕猎者与猎物的强烈认同是狩猎中的一种悖论，而这一点很可能也存在于动物界。费利克斯·萨尔腾将这一点作为他的中篇小说《小鹿斑比：林

亨利·萨姆纳·沃森，《现代入侵森林》，1910年，插图纸板油画。艺术家表达了对现代便利设施（此处指电话）正在令森林变得女性化而将森林从粗犷男性手中夺走的恐惧。

中生活》的创作基础，这部小说于 1923 年首次出版，讲述了一只年轻雄鹿的成长故事。萨尔腾本人出身于匈牙利犹太人家庭。在他小时候，一家子搬到了维也纳，他逐渐成了杰出的文学家。他成年后一直是一个痴迷的猎人，为此甚至购买了一片森林。

另一个相关的悖论是萨尔腾对雄鹿视角进行调整，至少将其作为一种叙事风格，令其在讲述故事时完全以人类为中心。动物们将人类视作一个单一整体，它们对人类的感情是恐惧与崇拜相混杂的，这种感情源于对《旧约全书》中的耶和华、古代世界的其他神以及中世纪时期的国王的感情。这本书的英译本更强调了这一点，原作出版后仅五年英译本便出版了，译者是惠特克·钱伯斯。钱伯斯将每个指代“人”的代词他（he）都大写，就像指神时的写法一样。

在许多方面，这本书都是站在当时非常流行的社会达尔文主义的视角来写的。森林里充满了恐惧，动物们彼此之间不停地追逐、捕捉和吞食。人类和其他动物的区别与其说是动机或行为上的，不如简单地说是人类比其他动物更擅长杀戮。一头名叫戈布的雄鹿被暂时捕获，关在一个类似宠物动物园的地方，然后被放归野外。它告诉动物们，人真的很善良，但是因为它已经丧失了天生的警戒之心，很快就被猎人射杀了。

将极端的人类中心主义借由动物之口讲出来可能会令观点看起来比由人类讲出来更合理，但它仍然完全是人类的幻想。大多数情况下，森林中的动物并不痴迷人类；事实上，大多数动物甚至完全不知道人类的存在。这个故事质疑人类的善良本性，只是为了强调人类的重要性。但是，在故事的结尾有一个部分的解释。有一头聪明的老雄鹿，是斑比的导师，也可能是他的父亲，带着斑比到了树林里的一个地方，让他看一个偷猎者的尸体。那尸体脸孔朝天，躺在雪地上，因胸部的伤口而死亡。他可能是被老雄鹿的鹿角杀死的，也可能是被猎场管理员射杀的。无论如何，书里接着写道：

> “你看到了吗，斑比，”老雄鹿接着说道，“你看到了吗，他就像我们中的一员一样躺在那里死去了。听着斑比，他并不像他们所说的那样强大。一切活着的、成长的东西都不是来自他。他不在我们之上，他和我们一样。他有同样的恐惧、同样的需求、同样的痛苦。他可以像我们一样被杀死，然后像我们其余生物一样无助地躺在地上，就像你现在看到的他一样。”

起初，斑比看起来似乎并不理解，但老雄鹿催他说些什么。然后斑比说：“有另一个存在，在我们所有生命之上，在我们之上，也在他之上。”老雄鹿完成了最后的使命，离开斑比，独自死去。[54]

雄鹿和狩猎都被大大地世俗化了，不过还没有完全世俗化。这种动物仍然类似于森林的君主，从来没有被人类彻底抛弃。但斑比所指的在偷猎者和其他所有生命之上的另一个存在是谁呢？也许是犹太教和基督教上帝的一种形式。萨尔腾加上这句话可能是为了让已经非常残酷的故事不至于显得完全虚无。

但还有另一种可能性。如前所述，萨尔腾是一个狂热的猎人，约翰·高尔斯华绥在为第一份英文版所作的序言中说，这本书“我特别推荐给猎人”。[55] 这本书并不反对萨尔腾所谓的合法的猎人，这样的猎人不仅遵守法律，而且遵守许多由习俗确立起来的狩猎潜规则。它抵制偷猎者，偷猎者在所有季节都滥杀无辜。而斑比所说的在偷猎者之上的存在又是指谁？可能是指规范狩猎和保护森林的秩序的力量。作者以老雄鹿作为发言人，似乎是在以同情与蔑视混杂的情绪俯视偷猎者，认为其只是一个觊觎不属于自己位置的人。这种态度会让人联想到中世纪的森林法，偷猎鹿的处罚可能是死刑。

1942 年，迪士尼工作室推出了一部根据小说改编的动画电影，名为《小鹿斑比》。虽然书中过分强调自然界中的捕食和死亡，但电影完全消除了这一点。影片展示的是猫头鹰与可爱的小鸟和兔子嬉戏，现实中的猫头鹰可能会将它们吞食掉。影片成功地保留了书中许多阴郁的诗意，但主要是通过将森林中的所有破坏（包括一次森林火灾）全都归咎于“人”来做到这一点的。影片中没有区分合法猎人和偷猎者。死去的偷猎者那场戏被删掉了，那一幕本来至少对人类的力量和邪恶都施加了一些限制。影片通过赋予人类几乎无限的力量，保留甚至强调了原著中极端的人类中心主义。人类前所未有地像神，尽管不是一个仁慈的神。这部影片也是对狩猎制度一次非常有效的抨击。斑比的母亲被猎人杀死了，尽管这不是在银幕上直接呈现的故事情节，但电影最初上映时，观众仍然大为震撼。

大多数美国人可能都无法区分合法猎人和偷猎者，甚至无法理解萨尔腾做这样的根本区别。过去的森林法将猎鹿限定为国王和贵族才能进行的活动，而这似乎正代表了殖民者试图通过移民逃离的旧世界的一切。[56] 因此，在很长一段时间内，美国几乎没有任何狩猎限制。

迪士尼把斑比的故事放在了美国，把鹿变成了只在北美中西部部分地区发现过的黑尾鹿。这样做可能是为了避免更大的争议，因为白尾鹿的活动范围更大，也是美国风景中更具标志性的一部分。白尾鹿以美丽和优雅而闻名，因白色尾巴而得名，在奔跑时，尾巴摇摇摆摆，有点像旗帜。最早的欧洲移民到达美洲时，它们已经遍布大陆。由于无节制的狩猎，到 1900 年时，在美国东北部大部分地区，白尾鹿已经越来越少，估计只有 35 万只分散在人口较少的地区。[57]

拍摄于 19 世纪末和 20 世纪初的大量猎人与被杀的鹿的照片表明，猎鹿已经变得多么随意、无节制甚至邪恶。猎人们经常摆出的姿势是持枪站在大量被杀死的雄鹿前，这些雄鹿的后腿被捆在一起，倒悬在椽子或树上。鹿被捕杀的规模已经超出了食用所需，而且这样一种轻松随便的态度也令人对所有称这是一项运动的说法产生怀疑。鹿仍然代表着皇室和贵族，这使它们成为美国民主的敌人，因此，即使在死亡时，它们也没有被赋予任何尊严。

为了防止鹿彻底灭绝，最终对可猎杀的数量进行了限制。鹿的数量开始逐渐恢复，但至少直到 20 世纪 60 年代中期，数量仍然很少。当一个人在森林里偶遇到一只鹿似乎就是一个奇迹。这不仅反映出鹿

作者在纽约州产业里的白尾鹿。

两个猎人，肩膀上扛着死鹿，照片，拍摄于 20 世纪初。

阿迪朗达克山区中猎鹿者在后脚被捆穿成串的鹿边合影，
明信片，20 世纪初。

美国林业协会会员证书，1898 年 1 月。林务员兄弟会已经成为一个慈善团体。它的标志除了上方的秃鹰，还有中心的雄鹿，鹿角复刻了周围树枝的曲线。图中有许多森林的象征标志，而枪是很明显没有的。此时，美国鹿已被猎杀到濒临灭绝，林业人员想发出信号表明他们关注的是保护，而不是征服。

的稀有性，而且反映出人们对皇室的态度发生了变化，因为美国人越来越认为皇室是一个浪漫的童话故事，伊丽莎白二世在美国可能比在英国更受欢迎。

到了20世纪70年代，鹿开始变得常见很多，人们开始激烈抱怨它们。鹿已经不再害怕人类，开始经常出现在郊区，有时甚至闯入纽约这样的大城市。它们啃食花园，经常卷入车祸。它们将携带莱姆病的蜱虫传播给人类。最后，它们还啃食了原本会长成树木的嫩枝，妨碍了树木的复壮。许多人不再认为鹿是自然奇观，反而开始将其视为“长着蹄子的老鼠”。

狩猎限制令鹿得以繁衍生息，但这并不是唯一的原因。鹿最适合生长的地方不是森林深处，而是森林边缘，这正是人类喜欢的环境。美国东北部的森林面积广阔，但星星点点支离破碎，对许多物种来说都是不适合生存的，尤其是鸟类，反倒正是鹿可以茁壮成长的环境。这样的环境不仅为鹿提供了牧草，还提供了必要时的隐蔽处。它们的自然天敌狼和熊等的数量已经被人类大大减少。曾经经常猎鹿的美洲原住民在19世纪初基本上被赶出了东部各州。到20世纪90年代，美国白尾鹿的数量估计已增加到2500万～4,000万头，[58]可能比哥伦布最初登陆新大陆时还多。

鹿的增加引发了复杂的实践和伦理问题，这不仅仅涉及人类和鹿的利益平衡。政策还必须考虑组成森林社区的树木、鸟类和其他生物的利益。森林学家达成的共识是，无论是娱乐性狩猎还是生育控制都远远不足以扼制鹿的数量。[59]在美国东北部，熊和郊狼等鹿的天敌也在增加，但还远远不足以影响鹿的数量。过去，鹿的数量在一定程度上受气候影响，因为鹿通常会在冬天因饥饿死掉一批，在夏天因干燥缺水又死掉一批，但总有足够的鹿存活下来并维持鹿群规模。这种模式可能会因气候变化而加剧，但是，尽管鹿的数量的季节性波动是正常的，但任由这种波动发生而坐视不理似乎并不人道。同样的道理也适用于疾病，疾病经常会减少野生动植物的密集种群。

谁是森林真正的王者？最简单也是最好的答案是没有这样的王者。从来不是熊、狼或老虎。尽管斑比的书和电影都是强烈的人类中心主义，但森林王者也不是人类。也许鹿有资格得到这个称号，因为它们的适应力极强，尽管经历过几乎所有可以想象到的自然威胁或人类威胁，但它们始终都设法繁衍壮大着。

卡斯帕·大卫·弗里德里希,《森林中的猎骑兵》,约 1814 年,布面油画。

6　森林与死亡

此刻实在太黑暗了，我甚至都看不到我自己。但歌声还在继续，我们周围的空气中充满了看不见的羽翼。

——**海伦·麦克唐纳，《在黄昏起飞》**

在卡斯帕·大卫·弗里德里希于1814年创作的画作《森林中的猎骑兵》中展示了一个骑兵的背影，这个身影很小，徒步行走，在广袤的日耳曼森林中迷路了。在他身后的树桩上，落着一只呱呱叫着的乌鸦。冬天已经到来。他快要死了。这是对拿破仑入侵的惩罚。进攻被原始的日耳曼森林所代表的自然力量击败。

至少人们通常是这样理解这幅画的，但能告诉我们画中人是一个法国人的，只有标题中使用的一个法语单词（Chasseur）和这幅画的创作日期——就在拿破仑1812年在俄国展开的灾难性战役和莱比锡战役后不久（从画中人的制服你看不出什么）。拿破仑大军中的骑兵根据其所属军团和军衔的不同，有许多不同的制服，他也可能是个普鲁士人。我们甚至无法确定他的披风颜色，看到的是绿棕色，但可能是反射的松树的颜色；看到他是步行，但并不一定意味着他的马不见了，也许马就在树后面。有一条路向观者的右方延伸，因此他可能离我们所说的文明世界并不远。

这片空地表明，这名骑兵所属的军团可能确实在最近一次入侵时经过，而现在正在撤退。这一细节支持——不过并未确证——这名士兵参与了拿破仑入侵俄国战争的观点。但是俄国的森林是落叶混合林，有大量的桦树，而不是单一的针叶林。会不会是误入普鲁士境内的军队的士兵呢?

或许这幅画代表的不是过去的某个事件，而是未来的计划。距离这幅画创作出来前不久，对法国人恨之入骨的弗里德里希·路德维希·雅恩提议，在普鲁士边境种植森林，并繁殖野生动物以作为防御措施，因为法国人就像古时候的罗马侵略者一样，不会知道该如何与动物们谈判。[1] 但卡斯帕·大卫·弗里德里希从来不是一个军事画家或政治宣传画家。要理解这幅画，我们必须把它放在一个更大的背景下，而不仅仅只考虑当天发生的事情。

有人可能会怀疑这位画家在用令人困惑的暗示戏弄观者，但这不是弗里德里希的风格。他不是爱开玩笑的人。他对工作总是很认真，但并不说教。弗里德里希不是用他的画作来描绘观念；他是在创造观念。他的画作几乎不会将观者引向寓言式解读，即便有也很少，无论是政治性的还是宗教性的。然而，他画中的所有事物似乎都充满了象征意义。弗里德里希的想象力是视觉上的，而不是语言上的，他可能甚至没有想到我们这里讨论的其他解读形式。实际上，他在用画笔思考。

至少现在，是时候让骑兵走向他的命运之路了。为了更好地理解他是如何来到森林这个地方的，或者他周围的森林是如何生长的，我们必须追溯到很久以前的历史。

罗马时代的日耳曼

公元 1 世纪下半叶，罗马百科全书编纂者老普林尼写道，在日耳曼的“北部地区是广阔的海西期橡树林，在时间的流逝中它岿然不动，与世界同龄，以近乎无限的寿命超越了所有奇迹”。[2] 这指的是黑森林及其周边地区，在普林尼的想象中，那里几乎是无边无际的，有点像今天的太空边际，总是在召唤着人们前往，但又不可被征服。普林尼经常不加鉴别地记载他听来的事情，但他曾作为驻军在日耳曼居住过，对这片地区有一些直接的了解。很可能他亲眼看到了高大的树木，那些树木也许几乎可以与仍然屹立在加利福尼亚的巨杉和红杉以及曾经屹立在美国东北部和加拿大部分地区的白松相媲美。普林尼对橡树的印象尤为深刻，橡树是罗马神朱庇特的神树。

在首次出版于公元 98 年的《日耳曼尼亚》一书中，罗马历史学家塔西佗将日耳曼描述为“要么覆盖着茂密树木的森林，要么覆盖着恶臭泥泞的沼泽”。[3] 他接着相当细致地描述了日耳曼人的风俗。他笔下的日耳曼人慷慨、凶狠、冲动、残忍，又天真，毫不做作。有时，他用日耳曼人来羞辱自己罗马同胞的堕落。例如，他写道：“在日耳曼，没有人觉得勾搭和被勾搭是有趣的，或者说是‘时髦的’。”他还认为日耳曼人是一个纯粹的种族，含蓄地将他们与已经融入罗马帝国的许多民族进行了对比。[4] 根据塔西佗的说法，日耳曼人和罗马人一样，用动物祭祀来取悦他们的神，但他们认为将神祇供奉在神庙的壁龛里是不对的。他写道：“他们的圣地是森林和小树林，他们用神灵的名字来称呼那个隐秘的存在，只有虔诚的目光才能看到它。”[5]

公元 9 年，刚刚接到任命成为日耳曼尼亚总督的罗马将军普布利乌斯·奎因克提里乌斯·瓦卢斯在条顿堡森林战役中丧生，和他一起被屠杀的还有三个军团。关于这次战役，有好几份罗马作者的记载，但都很粗略，这场战斗可能既属于历史，也属于神话。关于它的一份重要记载由塔西佗写在其著作《罗马共和国编年史》中，该书出版于公元 1 世纪末或 2 世纪初。根据该书记录，瓦卢斯在战斗中受伤，然后用自己的剑自杀。塔西佗讲述了后来罗马人在日耳曼尼库斯将军的带领下重返战场，看到堆积如山的人尸和马尸已经在腐烂，还有被钉在树干上的人头，他们胆寒至极。附近有日耳曼神祇的祭坛，罗马人的护民官和百夫长被作为人祭献给神。[6]

塔西佗对战场的描述听来令人毛骨悚然。这可能是文学史上第一次出现充满恐怖意味的森林。“蛮人”的神，甚至日耳曼人本身，都类似于格林童话和其他故事中主人公经常遇到的女巫、食人魔、魔鬼、巨人以及其他类似形象。到了塔西佗时代，罗马已经发展到远远超过其他任何城市的规模，拥有超过 100 万人口。塔西佗本人是一个坚定的城市居民，他与普林尼不同，对森林没有任何兴趣，只将那里视为人类冒险的场所。他对森林的模糊描述令读者很容易对森林产生恐惧和幻想。人们很容易把这里的森林恐怖称为“哥特风”，“哥特”这个词有一种有趣且近乎过度的贴切性。当然，这个词源于哥特人，差不多就是对早期日耳曼人的一个特定称呼，哥特人据说就是这种恐怖的缔造者。

日耳曼和罗马的森林

在阅读塔西佗对日耳曼地区及人的描述时，我们会产生一种奇怪的印象，会感觉尽管没有火器，也完全可以当作是一部以17或18世纪的北美为背景的英国记载，罗马人是殖民者，日耳曼人相当于美洲原住民。之所以会如此，是因为塔西佗所依赖的在他之前就已经建立起来的对“野蛮”土地和民族的刻板印象，在接下来两千年左右的时间里几乎没有改变。在殖民时代，欧洲人对美洲原住民的看法与罗马人对凯尔特人、斯基泰人和日耳曼人的看法并无太大差异。[7] 塔西佗通常不是按照部落或种族来称呼日耳曼人的集体，而是用“蛮人”来泛指所有日耳曼人［蛮人在拉丁文中的写法与英文几乎相同（英 barbarian；拉丁 barbarus）］。他曾在书中一个地方写道：“因为对于蛮人来说，一个人越是渴望勇敢，就越能激发信心，在变革的时期就越受推崇。”[8]

在《罗马帝国编年史》中，塔西佗将在条顿堡森林战役中击败罗马人的日耳曼酋长阿米尼乌斯描绘成一位荷马式的英雄——凶悍、勇敢、爱国、专横而残忍。[9] 这与近两千年后美国人对美洲原住民反叛者杰罗尼莫的看法没有太大区别。在一段挽歌中，塔西佗称阿米尼乌斯为“日耳曼的拯救者”，并补充说他并非在罗马历史之初而是在其权力巅峰时期对抗罗马，并且在经历多次非决定性的战斗后仍然不屈。[10]

塔西佗强烈暗示罗马在建国之初时与日耳曼有相似的地方。几乎所有的罗马作家都认为他们的城市所在地最初是森林密布的。[11] 罗马人维护着许多森林，并在其传说和肖像画中赋予萨梯、弗恩和德律阿得斯等森林小神灵以重要地位，以此来颂扬森林的遗产。塔西佗还说，阿米尼乌斯试图在部落中称王，结果触犯了族人平等主义的底线，最终被暗杀。这便在阿米尼乌斯和尤利乌斯·恺撒之间建立了一个相似之处，也许他是想表明日耳曼和罗马可能只是处于同一轨迹的不同阶段。[12] 罗马人认为日耳曼与他们自己想象的过去相似，这一点正解释了他们对日耳曼的感情是蔑视与向往混杂的。同样，美洲的欧洲定居者也将他们所谓的“原始”原住民与古代人相提并论，如在以色列失落的部落，他们所处的社会形态仍然还是古时的样子。景观历史学家认为，在塔西佗时代，日耳曼大部分地区都是森林，但并不像他描述的那样茂密或整齐划一。这片土地还包括定居点、荒野、沼泽和农田。[13] 塔西佗按照刻板印象，将这片土地和人都描述为“蛮”。

在条顿堡森林战役失败后，罗马人又数次入侵日耳曼，但很快便接受了莱茵河为帝国的东部边界，并沿莱茵河修建了一道被称为“长城”（Limes）的墙。罗马人之所以没有坚持征服日耳曼，远非因为它被森林覆盖，部分原因是这里能提供给他们的东西相对较少，并没有足够的水道可供交通和贸易，因此无法被轻而易举地并入罗马帝国。[14] 莱茵河为罗马帝国提供了一个天然的边界，它比任何更靠东的定居点都更容易防守。日耳曼的森林甚至可能提供缓冲区以抵挡草原上的骑兵，而这些骑兵将成为罗马帝国后期的持续威胁。对于那些可能没有意识到这种战略考虑的人来说，森林的恐怖也为他们不再入侵日耳曼提供了一个简单的解释，甚至可以说是一个借口。

塔西佗能够对日耳曼表达出钦佩——虽然是有条件的、居高临下的，一个原因是虽然他们没有被征服，但也没有对罗马人构成任何迫在眉睫的威胁。出于类似的原因，普林尼可能也会赞美日耳曼的森林。罗马人凭借其庞大的采矿作业和广阔的嫁接果园，已经充分征服了自然界，从而能够毫无顾忌地欣赏自然的力量。罗马花园最初以夸张的、非自然的几何图形布局，到了共和国晚期开始加入野生区域。[15] 由于与日耳曼之间缺乏商业交流和知识交流，罗马人眼中的日耳曼是一个充满异国情调的地方，一个可以轻松地将自身的恐惧、白日梦和其他幻想投射过去的地方。换句话说，罗马人把日耳曼“东方化”了。

在罗马帝国晚期和中世纪早期，城市和森林之间的界限变得更加模糊。由于罗马权威的衰落，欧洲迎来了民族大迁徙时期，匈奴人、斯拉夫人和哥特人等民族席卷了整个欧洲。由于没有中央政府的保护，贸易路线被迫中断，城市中心也随之衰落。但原因不仅仅是管理问题，气候也发挥了作用。在罗马帝国晚期，天气越来越寒冷、潮湿，也越

约翰·克诺勒，《抹大拉的玛丽亚在荒野中读书》，版画，据柯勒乔画作创作，19世纪。这个人物所处环境是介于森林和沙漠之中的一种不确定的景观，她在其中是完全安全无忧的。

来越变化难测。剧烈的暴风雨接连不断，森林面积持续扩大。[16]

森林远非文明的边界，而是人类冲突和气象变化的避难所。隐士们遁入森林，后来发展到整个修道院藏身林中，森林成了他们与上帝交流的地方。随着罗马帝国的贸易网络日益遭到破坏，帝国境内的人们再也无法依靠广袤的果园和巨大的鸡舍来获取食物。他们必须增加本地生产，这就意味着要重新求助于森林。从某种程度来说，他们又回到了罗马文明之前的生活模式。

高卢人和日耳曼人会在森林边缘甚至向森林中一定距离的地方开辟出临时的空地，种植农作物，直到土壤开始枯竭，然后再转移到其他地方。小群人在森林中形成小村庄，以农耕为生。森林还被越来越多地用于各种用途，如养猪养牛、采集树叶用作饲料、拾柴、取木材用于建筑等。森林成了人们的避难所、供养者和保护者，一直保持至今。

黑暗森林

在中世纪的文学和艺术中，黑暗且恐怖的森林母题消失了，但到了文艺复兴初期，又在但丁的《神曲》中重新出现。塔西佗的《日耳曼尼亚》在古代晚期和中世纪已经流传不广了，所以但丁很可能没有读过它。他读过老普林尼的作品，评价很高，[17] 老普林尼可能是这个母题的来源。当然，也有可能但丁并没有从任何作家那里获得这一灵感，他之所以吸收了这一观点，是因为这是文艺复兴的世界观的一部分。这种世界观认为光明是神圣的，而黑暗，如森林中的黑暗，是邪恶的。它还强调秩序、对称和几何比例，这些都是那个时期精心布局的花园所常见的特质。但丁自己的宇宙观是非常有秩序的，读者可以毫不费力地详细描绘出地狱、炼狱和天堂的各个部分。自然的森林，有着不可预测的混杂的植物，会被视为混乱的缩影。

但丁的《地狱篇》始于主人公突然发现自己迷失在一片黑暗的森林中。他不知道自己是如何进入森林的，也不知道森林的起点和终点在何处，即使他试图描述森林，也会被恐惧吓呆。诗人维吉尔出现，成为他的导师，再加上他的缪斯比阿特丽斯的指导，他们一起经历了九层地狱，最终遇到了撒旦本人。撒旦就像一棵巨大的树，但丁爬上去，最终到达大地的表面，看到了星星。

黑暗森林似乎浓缩了地狱中所有可怕的地方，但它尤其像第七章中的自杀之林。但丁和维吉尔进入了一片茂密的树林，树枝扭曲虬结，纠缠难解。他们听到周围有哀号之声，却看不到一个人。在维吉尔的建议下，但丁折下了一棵树的树枝。黑血从裂口处流出，然后慢慢形成文字。这棵树自称是彼得罗·德拉·维涅的灵魂，他说自己是西西里皇帝腓特烈二世的忠实参谋。他被敌人诽谤，被弄瞎双眼，关进监狱，他在狱中以头撞墙自杀。彼得罗解释说，所有的树都是自杀之人。亡灵之王米诺斯把自杀者的灵魂扔进森林里，它们随机掉落在地，便长成树木。鹰身女妖在自杀之林中飞来飞去，用爪子撕裂树木，于是血流成河，哀号声不绝于耳。当审判日最终到来时，所有其他灵魂都将回到自己的身体，但自杀之人将保留现在的形态，而他们的身体会挂在树枝上，提醒人们他们抛弃了什么。[18]

在之前第一层地狱中，弗兰切斯卡向但丁讲述了她与皮耶罗的爱情故事，这对恋人注定要一起漂流，永远受到强风的吹打。但丁情难自控，昏厥了过去。[19] 但丁在听到皮耶罗的悲惨故事后并没有失去知觉，因为他已经学会了接受上帝的审判。后世的读者会赞颂皮耶罗和弗兰切斯卡是一对伟大的恋人。甚至他们的命运，似乎也不是一种惩罚，因为他们会永远在一起。但丁没有概念工具来明确表达自己的矛

自杀之林中的鹰身女妖，古斯塔夫·多雷为但丁《地狱篇》所作插图（1887 年）。

盾心理。这样的概念要在接下来的几百年中才会慢慢形成，如忧郁灵感的概念。绝望可以成为创造力的源泉，将但丁笔下的黑暗森林变成一个充满奇妙冒险的地方。

现代读者也不会因为同情皮耶罗而感到内疚，而自杀之林，一个让但丁感到恐怖的地方，预示着浪漫主义美学的到来，在但丁看来，丑陋的东西在这种美学体系中将被视为美丽。但丁喜欢树干和树枝笔直的树，也许是出于实用美学的考虑。这些树适合用于建筑和制造工具。但是，在未来几百年中，弗里德里希等画家的浪漫主义美学最珍视的恰恰是但丁认为可怕的那种树木——古老的、野生的，枝干扭曲、多节、纠缠，很像自杀之林中的树。对于那些不认同但丁的宗教和社会信仰的人来说，《地狱篇》中的恐怖会成为一种哥特式恐怖，一种恐怖与浪漫的结合，传达出一种带着快感的刺激。

在某种程度上，但丁是我们的维吉尔。这位罗马诗人将但丁带到了炼狱的门口，然后再无法与他继续同行。但丁几乎把我们带到了浪漫主义的入口，而我们必须离开他。特别是在《地狱篇》中，他所描绘的图像和概念会强烈地吸引未来数代人的浪漫想象，但他的宗教信仰则迫使他本人拒绝这样的想象。随着时间的推移，他的概念变得柔和起来，保留了诗性的力量，但又呈现出与但丁意图截然不同的意义。

新日耳曼

在罗马帝国晚期和中世纪，塔西佗的《日耳曼尼亚》已经基本上被遗忘了。它在意大利文艺复兴时期被重新发现，意大利学者最初认为它展示的是缺乏文化和优雅的“蛮人”。1500 年前后，这本书由人文主义者康拉德・策尔蒂斯在日耳曼地区再版。当时的日耳曼是许多各自分裂的小国，每个国家都有自己的方言。它们能联合在一起，只是因为都是松散的联盟神圣罗马帝国的成员国。甚至德语也没有标准化，直到几十年后，16 世纪上半叶，路德陆续出版了他翻译的《圣经》，这才有了通行的标准德语。但是《日耳曼尼亚》这部书表明这些分裂的人民有着共同的祖先，继承了共同的遗产。[20] 这部书包含了日耳曼作为一个单一民族的理念，而这一理念将会在以诗歌为主的创作中传承下去，直至 19 世纪后半期真正成为现实。

策尔蒂斯是一个学究，他只用拉丁文写作，却成了日耳曼的纽伦堡市的桂冠诗人。他生性充满激情，几乎将塔西佗的《日耳曼尼亚》作为当代作品阅读。他的日耳曼民族主义并不是一个政治问题或语言问题，甚至不是我们今天所理解的“文化”问题，更多是领土问题。由于神圣罗马帝国的建立，文明的中心从罗马转移到了日耳曼。他看待日耳曼人的观点正与塔西佗一样，日耳曼人尚未发展成熟，但拥有一种原始的生命力。他希望日耳曼人研究罗马文学，就像罗马人研究希腊文学一样，最终目标是达到或超过罗马的成就。[21] 也许矛盾的是，当地对森林的原生观点深受罗马人观点的影响，令森林深处既是避难之所，也是恐怖之地。正如艺术史学家克里斯托弗·伍德所说：“森林的魅力在于其不稳定的双重性质：敬畏很容易崩溃为恐惧，神秘很容易变成迷惑，英雄主义很容易变成野蛮。”[22] 塔西佗对日耳曼的态度与后来美洲早期的欧洲殖民者对新大陆的态度十分相似。殖民者一方面为自己的领地未受污染甚至是原始的而感到自豪，另一方面又竭力通过推广欧洲人的生活方式来破坏它。

这一观点令新兴民族主义的支持者能够既主张日耳曼是文明的巅峰，也主张它是原始活力的拥有者。然而，它留下了一个隐含的问题。如果日耳曼人像他们之前的罗马人那样走向衰落该怎么办呢？如果他们已经开始衰落了呢？策尔蒂斯等早期民族主义者的观点提出了一种历史循环理论，即衰落和文明交替反复。但是又该如何判断日耳曼或任何民族在本轮周期中所处的位置呢？这种想法产生了充满矛盾的期望，而这种期望不仅贯穿日耳曼文化，而且贯穿现代欧洲所有文化。

策尔蒂斯和塔西佗都认为，整个日耳曼都覆盖着“广袤到无法测量的大树林，长满古老橡树，根据长久流传的习俗和信仰，古老的橡树被奉为圣树”。为了表达敬意，他试图亲自去走一走他认为普林尼和塔西佗提过的地方。[23] 他在一首诗中写道：“缪斯女神热爱的是树林——诗人们讨厌城市和城中烦嚣的人群。”[24] 于是，日耳曼人是一个单一民族的想法开始复兴，尤其是在诗歌作品中。《日耳曼尼亚》成为日耳曼

《小红帽和狼》，阿帕德·施密德哈默绘制的图书插画，慕尼黑，约 1904 年。德国人经常误导性地将他们的森林风格化，让它们看起来既古老又年轻。有着如此巨大树木的森林不太可能有如此丰富的地被和林下植被。

阿尔布雷希特·阿尔特多费尔，《双云杉风景图》，约 1521—1522 年，蚀刻版画。阿尔特多费尔通常被认为是西方传统中第一位风景画家。在这幅蚀刻版画中，植被占据了整个场景，相比之下，人类建筑显得微不足道。他喜欢的树是扭曲的、不规则的，实际上正与文艺复兴时期受人喜欢的树的形象相反。

身份认同的重要文献。阿米尼乌斯经常被当作英雄，甚至被当作日耳曼的开创之祖。森林的恐怖被弱化，成为一种温柔的忧郁。

策尔蒂斯书写日耳曼的森林，而与他同时代的阿尔布雷希特·阿尔特多费尔正在画下它们。在某种程度上，这些画是他那个时代盛兴的哥特风教堂中典型的华丽树叶图案的扩展。阿尔特多费尔与策尔蒂斯一样，也为森林的黑暗和危险而骄傲。[25] 他的树木被人格化，树枝和树叶经常看似人体的四肢一样做出手势或探出去，[26] 弗里德里希后来也使用过这项技巧。在一些画作中，如《圣乔治与龙》（1510 年），[27] 森林背景主导了表面的主题。[28]

森林中的死亡

森林与死亡的联系，尤其是与自杀的联系，是塔西佗添加到森林文学中的一项特征，而但丁将其复兴。再之后的许多诗人和作家都会写到这一点，尤其是浪漫主义艺术家，但不会带着皮耶罗故事中的那种恐怖。这是一种对湮灭的渴望，被认为是摆脱世俗烦恼的一种休息。只有足够多的昔日恐怖才会让人感到一丝兴奋。

英语世界中的一个例子是民谣《林中的宝贝》，这首歌可以追溯到 16 世纪，有多种版本流传。两个孩子，哥哥和妹妹，在诱拐中幸存下来，但在森林里游荡，直到死亡。最著名的一个版本的结尾如下：

两个可爱的宝贝就这样游荡，
直到死亡结束他们的伤悲；
他们死去时用手臂彼此相拥，
就像渴望抚慰的宝贝。

没有任何一个人来埋葬
这两个可爱的宝贝，
直到红胸知更鸟痛苦地

用树叶给他们做被。[29]

我们无法得知两个孩子到底因何而死，只知道他们相拥着睡去，再也没有醒来。他们死亡的时间和方式被设定得如此完美，仿佛根本不是死亡。有几个版本中，他们没有死去，而是被直接带入了天堂。在伦道夫·凯迪克绘制的插画中，有狐狸、野兔、野鹅以及其他动物在他们的葬礼上哀悼。

英国浪漫主义诗人约翰·济慈写于1819年的《夜莺颂》中也有相同的基本概念。诗人倾听一只看不见的夜莺，称它为“长着轻翼的德律阿得斯”。他想象它在一片“山毛榉的葱绿和无尽浓荫之中”。夜莺的吟唱引他遐想联翩：

我在黑暗里倾听：呵，多少次
我已经有些爱上了静谧的死亡，
我用缪斯的韵律呼唤他的美称，
求他将我安静的呼吸散入空茫；
而现在，哦，死似乎无比富丽：
在午夜时生命没有痛苦地终止，
趁你正将灵魂倾吐而出
以这般的狂喜！[30]

在所有这些诗歌中，作者首先以非常微妙的方式唤起了人们对森林的恐惧，然后又弱化了这种恐惧。树林的美丽是一种诱惑的手段，而过早的死亡是任何屈服的人可能遭遇的命运。

森林还具有一种不可思议的能力，可以吸收人工制造出的东西，并使其呈现为几乎完全自然的样貌，至少在许多人看来是自然的。单一种植的云杉取代了日耳曼的许多原生森林，这至少诞生了德语中最著名的诗篇之一——约翰·沃尔夫冈·冯·歌德的《流浪者之夜歌Ⅱ》：

在山之巅，万物皆平静，
在树之梢，察觉不到一丝丝气息，
森林中小鸟无音，等着吧，很快，
你也将得到安宁。[31]

1780年，歌德将这首诗刻在图林根（现为德国中部的一个州）基克尔哈恩山上一间小木屋的墙上。这座山曾经覆盖着单一栽培的云杉树，如今大部分面积还是如此，根据图片档案，这些树木至少可以追溯到19世纪。[32] 和大多数单一树种的林地类似，这片地区最初可能鸟类和

歌德在基克尔哈恩山上的小木屋写出了最著名的诗歌，出自《凉亭》杂志第40期的插图（1872年）。这片森林是单种针叶林。

野生动物都非常少。所以，歌德可能将鸟的缺失误解为沉默无声。弗里德里希的《森林中的猎骑兵》中如果没有那只叫着的乌鸦，很容易就能作为这首诗的配图。

自然与人类

也许弗里德里希《森林中的猎骑兵》中的人物并不像他看上去那么孤独。这幅画中的背景既有自然元素，也有商业元素。背景中的树大小相同，间距均匀，表明它们是一起种植的。地面没有石头，这表明该地区曾经用于农业种植。有几棵树是新近砍了的，但它们正在迅速地再生。与后方那些笼罩着的树木不同，这几棵树大小不一，表明它们的前身是在不久前被砍伐的。

从林业的角度来看，这幅画中最令人困惑的点是前景中三个树桩中的一个，它向观众的左边倾斜，有一部分根已经露出地面。在风暴中，树可能会被吹倒，但树桩通常不会，树桩会在原地慢慢腐烂。这个树桩是如何被抬起并保持倾斜而不倒下的呢？我能想到的最佳解释是，它在被砍伐前就已经开始倾斜，然后靠到了其他树上得到了支撑。也许部分森林砍伐打开了一个风口，正好让风把它吹倒了。但是它左边的树都还只有中等大小，不会提供太多的缓冲。而且它们的树枝也没有折断或弯曲，如果支撑过另一棵树是会发生折断或弯曲的。这种奇怪的姿态令树桩看起来仿佛有生命一样，树根就像一只幽灵的手，指向观者右手边的一棵新苗。

事实上，整个森林似乎充满了生气。在观者的右方，一棵冷杉的一根枝条似乎直接指向骑兵的头部。这些树似乎都在比手画脚，表达欲旺盛。树林也许代表着潜意识，就像它们经常表现的那样。相比之下，这个人似乎正在失去他作为人的特性，慢慢融入周围的树林。他的外形酷似云杉树。他的双腿并拢在一起，就像一根树干一样。他穿着一件绿棕色的斗篷，底部很宽，向头盔方向逐渐变细，最后形成一个像云杉树顶一样的顶点。如果只是匆匆瞄一眼，很容易将他误认为一棵树。

如果说侵略的军队犯下了狂妄自大的罪行，那么森林单种栽培的创造者们不是更有罪吗？对整片森林进行开垦，人类如此大规模地宣示自己的力量，这在 20 世纪之前相对很少出现，在那个时候，森林是风、火和雨等自然元素的领地。因此，这幅画与其说是关于法国侵略者和日耳曼风景的，不如说是关于人类的。我们会被自己创造的东西毁灭吗？或者，以这样的尺度来思考，我们也许放弃了作为个体甚至作为人类的身份，与自然世界融为一体。

《森林中的猎骑兵》标题里的“chasseur”在德语中被称作“Rückenfigur”，意思是从后面看到的人物，即背影。弗里德里希的许多作品中，也可能是大多数作品中，都使用了这样的形象。这个人物从来不是敌对者。它既是艺术家的投射，也是观者的替身。[33] 我们通过背对着我们的另一个人的眼睛看那些风景。其效果通常是将场景定格，防止场景移向无尽的远方。但那个“背影”通常与场景分离得很远，不是我们关注的焦点。这个形象有点像小说中的第一人称叙述者，部分代表作者，但又不完全代表。如果画中的人物确实是一个法国入侵者，那么画家的自我认同就与敌人非常亲密了。

为了让这个人成为画的主题，弗里德里希使用了一种技巧，据我所知，这是这幅画独有的。他在画中画了两个这样的形象，一个在另一个前面。第二个是那只乌鸦。画家通过使用这两个意象令森林成为一个故事中的故事，服从于一个更加宽泛的解释。无论这个人是面临死亡还是仅仅在散步，他似乎都不会比周围的森林更有意义，甚至没有太大的不同。与人工种植的杉树相比，乌鸦更是大自然的一部分。鸟在叫，人肯定能听到它的叫声。那叫声是表示欢迎，还是预示厄运？法语单词 chasseur 可以用来指骑兵，但它更常见的意思是“猎人”。如果这里指的是后一种意思，那么哪一个才是猎人呢——人还是乌鸦？

在刻意种植的单树种森林中，生命和死亡的界限变得清晰。每棵树都注定终有一日要面对斧头或锯子，其雄伟的高度只会让这一切变得更加辛酸。它的灭亡是突然而彻底的。这棵树不会被由它自己的种子长出的新芽取代，而是被从外部引进的新芽取代。

7　森林之主

死亡曾经是一个刽子手，但基督的复活令他成为一个园丁，再无其他。当他试图埋葬你的时候，他实际上是在种植你，你会重新出现，比以前更好。

——乔治·赫伯特

直到 1658 年，爱德华·托普塞尔牧师仍然可以斥责那些质疑独角兽存在或其角的力量的人不敬神。[1] 故事越离奇，就越能证明上帝的力量。中世纪的故事讲述者竞争非常激烈，你追我赶地想让自己的故事变得更加精彩，冒险家和教士也是如此，可能只是更谨慎一点。不相信一个神奇的故事就等于质疑神的威严，只要有适当的出处，任何事情都可能被人相信。[2]

现代性的到来带来了一种觉醒的感觉，人们开始寻找可以保留无限可能的地方。也许最早的发现在中世纪手稿的边边角角，其中充满了最不羁的幻想，有时还并列呈现着科学准确的插图，描绘着人们熟悉的动植物。另一项是对异国旅行的描述，其中充满了巨人、凤凰、龙等无数令人惊叹的生物。然后是炼金术，这也成了一个上演伟大梦想的剧场。

有魔力的森林最初是一种帮助人们停止怀疑的文学手段。这是一个主要在文艺复兴晚期和现代早期发展起来的主题。由于既无法消除魔法，也无法与魔法共存，人们便试图为魔法找到一个容身之地。于是便构建了——甚至可以说是变出了——魔法森林，作为一种魔法可以繁育的保留地。这是一个至少在某种程度上不同于正常生活的领域，它保留了一种被强化的可能性的感觉。森林成了想象中的生物的第二个家。然后，随着森林被越来越多地驯化和砍伐，这一作用被新形成的无意识思维概念所取代。

按照布鲁诺·贝特尔海姆的说法，森林代表着“我们无意识中的黑暗、隐蔽、几乎无法进入的世界”。如果我们在心理上无法面对危机，就会进入心灵的森林，“当我们成功找到出路时，就会走出森林，而我们的人格也会更加发达”。[3]换句话说，我们允许自我分裂成彼此独立的形象、偏好、冲动等，以便可以在更坚实的基础上重新构建自我。

对弗洛伊德和他的学派来说，无意识与压抑联系在一起，尤其是对性的压抑。这是一个可以容纳我们恐惧思考、封闭思想的地方。对于荣格和他的追随者来说，这是一个巨大的图像和联想的仓库，只是我们自己还没有意识到而已。对弗洛伊德主义者来说，有意识的思维是先行的，因为它将无意识的材料置于它们的位置上。对荣格来说，无意识是优先的，因为它包含了大量古老的材料。意识只是伴随文明发展而出现的一种相对现代的创新。在实践中，“无意识”一词的使用并不严格，意识与无意识两种立场之间的区别并不总是很明确。

无论如何区分，都取决于个体自我的概念。随着客观世界（或称“外部世界”）和主观世界（或称“内部世界”）之间的区分在现代社会变得更加明显，人们有可能认为内部世界是独立自治的，几乎包罗万象。曾经自我似乎是一件相当简单的事情，现在已经扩展到整个王国，等待着发现、测绘和探索。迄今还未知的东西变成了无意识。

无意识思维的概念本身是不可见的，但不知何故又被认为是黑暗的，基本上是民间文学中的森林被知识化后形成的版本，从地理边界转移到人类思维边界。史蒂芬·桑德海姆广受欢迎和好评的音乐剧《拜访森林》（1986）就以森林是无意识的观点为基础，将大众熟悉的童话故事重新演绎为心理戏剧。如今，这种做法在大众文化和学术文化中都已经非常常见。

森林的灵魂

在民间传说、童话、心理学和炼金术中，森林是思想和物质、生命和死亡、梦想和现实、时间和永恒、自然和精神等不同世界的交汇点。这是一种原始的、相对无差别的状态。但是，要与森林对话，我们必须将它人格化，将它视为一个单独的存在，一种灵魂。只有这样，我们才能遵守它的戒律、与它争吵、摧毁它或向它的智慧求助。这个形象我称之为森林之主或森林女王。

玛蒂尔德·巴蒂斯蒂尼写道:“森林的中心通常被描绘成一片空地, 代表着一个神圣的围场, 供主人公与神接触。”[4] 在这里, 吉尔伽美什遇到了洪巴巴，但丁遇到了维吉尔，圣于贝尔遇到了基督，美丽的瓦西里萨遇到了芭芭雅嘎，艾萨克·麦卡斯林邂逅了老本。只需补充一点，森林深处形象的神性起初并不总是显而易见的。它可能以令人恐惧的形式出现，但最终往往会引领主人公走向好运。

《吉尔伽美什》是这种神话结构已知的第一个实例, 洪巴巴是森林之主，在它写成后的几千年里，森林故事中仍然存在这一形象。一个英雄，在艰难困苦或追求荣耀的驱使下，进入森林深处，遇到了森林守护者。如果她或他杀死了森林的精灵，森林就失去了恐怖、野性和活力; 如果她或他与精灵相互理解，就有可能与森林相对和谐地相处。森林之主或森林女王在童话故事中尤其普遍，事实上，魔法森林的母题中几乎都有这样一个人物出现。

但是我们要怎么把森林人格化呢? 从中世纪晚期直至 19 世纪, 将抽象的品质人格化为有寓意的女性形象，代表美丽、自然、真理、正义、自由等，都是非常常见的。森林没有那么抽象，因此要转换为一种理念要更难一些。森林的灵魂不可能固定在一个单一的标准化形象中, 因为森林本身和我们对森林的体验都是多种多样的。为了把森林作为一个整体来看待，一个地区的人必须给当地森林一个熟悉的、有形的、部分人化的外观。在欧洲的民间文学中，森林之主或森林女王通常是人形和植物特征的结合体，如呈现为绿色、植物的有机曲线、树叶的外衣，拥有神秘的力量和伤口能轻易复原的能力。这个形象最初可能是令人生畏的，也可能是善良的，但几乎总是存在一些矛盾之处。她或他就像树叶一样，无法被轻易地标准化，但必须始终不断重生。

森林之主或森林女王住在森林的最深处。如果这个形象是人，一般会住在小屋、城堡甚至洞穴里。在 13 世纪早期由艾森巴赫的沃尔夫拉姆用中古高地德语创作的骑士史诗《帕西瓦尔》中，森林之主是安弗塔斯。他的家是蒙萨尔瓦舍城堡，即圣杯城堡，当你想寻找它时永远都找不到，只能依靠天意才能走到那里。城堡无比堂皇富丽，但三十英里内没有一棵树被砍伐过。[5] 特别是在指南针普及之前，在森林里认路最多是凭直觉。在民间故事中，主人公通常都是偶然间遇到了森林中的这个神秘建筑，几乎从来不是按照明确的指示，更不是通过地图。在 14 世纪晚期一首作者已经不可考的中古英语诗歌《高文爵士与绿骑士》中，高文爵士就是这样发现了绿教堂。

绿骑士

这部诗的开篇是在亚瑟王的宫廷中，圆桌骑士们聚在一起庆祝圣诞节。突然，一个身材高大的陌生骑士走了进来，他的皮肤和衣服都是绿色的，一只手高举着一根冬青树枝，另一只手拿着斧头。他嘲笑亚瑟的骑士们没有勇气，然后向所有参加庆典的人发起挑战。他们必须选出一名骑士来，拿起斧头砍下绿骑士的头，但这位志愿者必须在明年同一时间去找绿骑士，然后被绿骑士砍头。没有人直接站出来接受挑战，亚瑟王自己同意成为志愿者。然后年轻的高文自愿替他应战。高文砍下了闯入者的头。头在地板上滚动，而绿骑士的身体还能移动，他将头取回，身体将被砍断的头颅高高举起。然后那头说话了，告诉高文一年后去绿教堂找他。

一年过去了，高文骑上他的马出发，他穿着镶珠嵌宝、装饰精致的盔甲和衣服，这副装扮似乎更适合参加盛典，而不是进行艰苦的旅程。他的盾牌和衣服上装饰着的五角星，是一种象征着完美的神秘标志。他不知道该走什么方向，便向遇到的所有人问该怎么去绿教堂。没有人听说过这个地方。他穿过黑暗荒凉的大地，一路上与野人、狼、

约 1450 年，原始手稿中描绘高文爵士和绿骑士的插图。虽然这些形象画得并不精美，但他们脸上的表情传神地表达出了绿骑士的出现所引发的恐惧、惊奇和惊愕的复杂情绪。

熊、蛇、野猪和巨人搏斗。他途经高耸的橡树、榛子和山楂树的林子，林中生满苔藓。这是中世纪想象中的原始森林。

最后，在平安夜，高文发现自己到了森林中的一座城堡前，离约定的时间还有几天。那里的人知道他，期待着他的到来，对他表示欢迎，赞美他的所作所为。城堡的主人是伯蒂拉克爵士，他浓密的胡须是棕色的，就像海狸皮一样。和他在一起的是他美丽的妻子，以及一个老太婆，最初没有说出名字，但受到了极大的尊重。伯蒂拉克爵士告诉高文，从城堡到绿教堂的路很短，高文同意在城堡里做客，休息到最后一天，而伯蒂拉克则出门去打猎，每天结束时，两人都要将自己所获得的一切给予对方。

第一天晚上，伯蒂拉克的妻子来到高文床边，温柔地试图勾引他。高文既坚定又礼貌地拒绝了她的追求，只允许她给自己一个吻。伯蒂拉克打猎回来，给了高文一只他杀死的鹿；高文吻了伯蒂拉克，但没有透露吻的来源。第二天，妻子再次试图勾引他，这次大胆激进了很多，但高文只让她亲了两下脸颊。这一次，伯蒂拉克送给他一只自己杀死的凶猛的野猪，高文回赠了他两个吻。第三天晚上，伯蒂拉克的妻子对高文又是奉承又是嘲笑，发现他不会动摇之后，就送给了他一条绿色的腰带，她说这条腰带可以保护他免受任何伤害。高文接受了，希望能借此躲过斧头的伤害，她又给了他三个吻。而伯蒂拉克在这天只杀死了一只癞皮狐，回来后便把它给了高文。年轻的骑士给了伯蒂拉克三个吻，但对自己秘密戴着的腰带只字未提。

新年那天，高文出发去绿教堂，结果发现那是大地上的一个土丘。绿骑士在等着他。高文低下头，准备被斩首，但之后，他退缩了，绿骑士止住了攻击。他嘲笑高文的懦弱，然后准备再来一击。这一次，高文没有退缩，但绿骑士再次猛地停了下来，称他只是在测试高文的胆量。高文告诉折磨他的人快点动手结束这一切。绿骑士第三次举起了斧头，但这一击只划伤了高文的脖子。高文已经履行了自己的义务，便拔出剑来保护自己。绿骑士随后解释说他就是伯蒂拉克爵士。整件事都是那位老妇人策划的，她就是女巫摩根·勒菲，他和妻子一起行动以考验他们的客人。高文因为拒绝了他妻子的追求所以被免除砍首，但是因为他接受了腰带，所以脖子上留下了轻伤。高文为自己的不守信用感到羞愧，想归还腰带，但绿骑士让他留着。高文同意以后都戴着这条腰带来提醒自己的耻辱，在他返回卡美洛之后，亚瑟王宫廷的骑士们决定所有人都戴上一条绿腰带，以此提醒自己记住高文的冒险经历。[6]

中世纪的生活充斥着对奇迹的感知，但人们对奇迹的接受仍有实际的限制，中世纪晚期的故事讲述者，如写了高文爵士故事的诗人，可能会以讽刺的方式来对待奇迹。绿骑士最初进入亚瑟的宫廷时，恐怖的氛围中还夹杂着喜剧的气息。他的突然出现和他的挑战实在太古怪了，也许骑士们最初是因为太过震惊所以没有做出反应。特别是因为绿骑士没有做出威胁的姿态，所以按照常理，大家应该拒绝挑战。

绿骑士在文学作品中的出现几乎和他在故事中的亚瑟王宫廷中出

描绘赫迪尔的插画，来自莫卧儿时代的印度，约 1760 年。按照传统，他被描绘为站在鱼身上，以展示他与水的亲密关系，而水是生命的基础。

现一样神秘，没有明确的模式或先例。他与中世纪传说中的许多其他形象有一些相似之处，包括绿衣杰克、野人和罗宾汉，但他不能明确地等同于其中任何一个。《高文爵士和绿骑士》的作者肯定在英国的教堂里看到过许多绿人的形象：浮雕上，绿人从树叶中走出来，身披树叶，还有更多的叶子从他们的嘴里长出来。这些可能影响了作者对绿骑士的构思，尽管绿骑士的形象中并没有这些叶子。绿骑士与植物的联系仅仅在于他的颜色和再生能力。

有一个理论认为，绿骑士的最终原型可能是赫迪尔，这是阿拉伯文化中的一个古老形象，很可能是一位植物神，慢慢融入了伊斯兰教的民间传说。他也许可以追溯到《吉尔伽美什》中的乌特纳匹什提姆，他和家人在大洪水中幸存下来，并获得了永生。他也是《圣经》中诺亚的原型。赫迪尔穿绿色的长袍，有时他自己也是绿色的。根据一个传说，他喝了生命之泉的水，因此他的脚踩在哪里，哪里就会长出小草。传统观点中，他被认为与《古兰经》中摩西身边的一位无名圣人是同一个人，而且他经常充当超自然力量的使者。[7]

童话

《高文爵士与绿骑士》融合了许多传统。在许多方面，它似乎更像一个童话故事，而不是一部骑士史诗。骑士史诗通常情节更线性，每个事件都是明显不同的，并会直接引发下一个事件。童话通常用重复的方式来构建，尤其是以三个为一组——三项任务、三次考验或三个夜晚。[8] 在高文的故事中，他必须三次拒绝女主人的挑逗。与此同时，城堡的主人要去打三次猎，在每天结束时，他们必须把自己得到的东西给对方。伯蒂拉克夫人给了高文三次吻，高文把吻传给了她的丈夫。后来，绿骑士用斧头向高文的脖子发动了三次攻击，每次都收手了。

尽管有大量的学术研究，童话仍然是一个谜。在现代早期，童话故事开始被越来越频繁地记录下来，它们首次被作为严肃研究的对象是在雅各布·格林和威廉·格林收集整理的《家庭故事集》中。此书第一版出版于 1812—1815 年。后来威廉又独自对书进行了修订和扩充，他的关注点越来越偏重于将这些故事改编为适合儿童的故事，而不是将它们作为正式研究的人文素材保留传承。这本书先后有七个版本，最后一个版本出版于 1856—1857 年。威廉·格林认为这些故事可以追溯到很久很久以前，近年来大部分学者达成共识，认为这些故事是比较现代的。然而，贾姆希德·J. 德黑兰尼和萨拉·达席尔瓦最近的研究证实，其中许多都有数千年的历史。[9] 但由城堡、龙和女巫构成的童话世界则更多是中世纪晚期和现代早期的产物，而非古代的。魔法森林与国王和公主一样，都是格林兄弟童话故事中的突出特征，是一种修辞方式，但也存在于 19 世纪其他收集者整理的作品中，包括巴伐利亚的弗朗茨·舍恩韦特，俄国的亚历山大·阿法纳西耶夫。

《高文爵士与绿骑士》与骑士史诗的不同之处还在于它不强调武艺和美德。诗中没有涉及高文、绿骑士或其他任何人的战斗。在高文寻找绿教堂的旅程中，可能发生过的冲突都只是通过模糊且幽默的暗示一笔带过而已，没有具体说明。在骑士史诗中，主人公们在不断战斗，战斗的对象偶尔是怪物，大部分是其他骑士。高文与大多数骑士的不同之处还有，他仅倾心于玛丽一人，并没有献身于其他任何一位女士。他证明自己的方式不是赢得女士的芳心，而是拒绝女士的追求。拒绝伯蒂拉克夫人确实有点像与怪物战斗，但只是以一种幽默的方式。在抵抗了两次诱惑后，高文屈服了，但也只是一点点，他接受了腰带，希望腰带能让自己不受伤害。

在诗中，高文本人并不擅长武艺。他确实证明了身体上的勇气，不过不是在战斗中。他是通过忠实地遵守诺言来证明的。他确实是有瑕疵的，但他的失败并没有成为一场史诗般的罪恶与救赎的斗争。这只是一个相对较微小的胆怯。很明显，作者已经对男子气概的姿态有点厌倦了，这是其他骑士史诗中的高文的一个特殊缺点，所以，作者对此开了个温和的玩笑。他笔下的高文很像童话故事中的英雄，这些英雄之所以受人尊重，与其说是因为特殊能力，不如说是因为心地善良。[10] 高文的骑士身份对于这首诗来说似乎并不重要。故事背景设定在亚瑟王的宫廷，几乎等于是说“很久很久以前”。它将一切置于一个时间并不确定的浪漫的过去，一个神奇而遥远的时代，那时似乎是世界的开始。高文故事的基本轨迹很像童话故事，主人公在年轻时离家证明自己，长大成人后回到家乡。大多数欧洲童话的主题都是成长。

炼金术

在文艺复兴时期和现代早期，炼金术是关于转化的，尤其是普通金属向黄金的转化。与这一探索密切相关的是寻找哲人之石和长生不老药。哲人之石据说具有许多神秘的特性，长生不老药可以让人永生。然而，这些追求不仅仅是寻找宝藏或混合化学物质的问题，因为炼金术士们相信只有达到精神纯洁的人才能实现这些目标。他们将身体和精神的过程表达为复杂的符号和寓言，就像中世纪晚期的旁注一样奇妙，虽没有那么古怪，却更加神秘。

菲利普·加勒，《炼金术士》，1558 年之后，版画，据老彼得·勃鲁盖尔画作所作。这个炼金术士工作的环境是一个非常拥挤、肮脏、有乡土气息的地方，但他丝毫没有分心，而是专注于自己的工作。他给人的印象就像是许多艺术家一样，可能是具有献身精神的英雄，也可能是不负责任的人。

就内容和风格而言，童话和炼金术作品有许多相似之处。[11] 炼金术和讲故事一样，是一种跨越社会界限的优雅活动。从老彼得·勃鲁盖尔到扬·斯蒂恩，许多艺术家都既描绘过来自上层社会阶层的炼金术士，也描绘过来自下层的。他们的世界像童话的世界，在这些故事中，一个普通的村民可能真的与王子或公主结婚，或者至少梦想着能与王子或公主成婚。此外，炼金术士往往非常神秘，用高度抽象的符号讲述他们的发现，就像童话故事中的奇幻图像一样。炼金术和童话通常认为宇宙是万物有灵的。炼金术士认为元素必须历经磨难才会达到完美；童话里充满了会说话的动物甚至植物。最后，炼金术士与童话故事的讲述者都有一种罕见的乐观情绪，童话故事的结局往往是主人公"从此幸福地生活着"。炼金术士们认为，所有的东西都在自然地走向完美，就像贱金属注定会转化为黄金一样。炼金术的过程与个体灵魂越来越接近上帝的转变过程相类似。

炼金术和童话故事之间的另一个相似之处是，在民间文学中，斩首通常是一种祛魅的手段，令真实的自我得以显现。例如，苏格兰传说《世界尽头之井》就是这种情况，这是格林童话中广为人知的《青蛙国王（或王子）》已知最古老的版本。一位年轻的女士应中了魔法的青蛙的要求，砍下了"他"的头，使其恢复了人形。[12] 高文爵士故事中的斩首对决最初可能也是基于这样一种转变，即斧头的一击将一名被施了魔法的骑士变成伯蒂拉克爵士。诗人采取的方式是把绿骑士变成一个可以变形的人，他的真实形态（如果有的话）始终是未知的。[13]

可能是有意的，也可能是无意的，心理学家约瑟夫·L. 亨德森用炼金术的意象来描述进入成人的过程。对于主体来说，"他的身份在集体无意识中被暂时肢解或消解。然后，新生仪式将他从这种状态中解救出来"。[14] 这似乎很好地描述了高文；在被绿骑士的斧头砍了三次之后，他重新恢复了活力。这一过程不仅限于即将成年的年轻人。当一个人面临个人危机时，这个过程可能会以相对戏剧性的方式发生，而当一个人只是简单地在林中漫步时，这个过程也可能会表现为相对温和的尺度。一个人向"世界"，也就是向其他人展示的自我被暂停使用。身份和社会地位之类的东西失去了意义。注意力被分散在许多陌生而美丽的生命形式中。而返回城镇之后，旧的自我得以重建，也许会与过去有些微不同。

《高文爵士和绿骑士》的斩首对决最早出现在古老的爱尔兰传说《布里克里乌的宴会》中，在这个故事中是阿尔斯特的英雄们在举行庆典。库·丘林大致相当于高文，库·劳伊对应绿骑士。[15] 库·丘林是太阳之子。一直到 1485 年，也就是《高文爵士和绿骑士》已经问世一百多年后，马洛礼的《亚瑟王之死》中高文的形象仍然保留着强烈的太阳起源的痕迹。我们了解到，高文的力量和好战的情绪就像太阳的力量一样，在早晨增强，然后保持三个小时的鼎盛，从中午时开始衰减。故事中有一段，亚瑟和兰斯洛特在交战，站在亚瑟一边的高文向兰斯洛特发起一对一的挑战。兰斯洛特接受了挑战，他一直防御性地战斗直至中午，然后发起攻击，给高文造成数处重伤，其中一处伤在头部。高文很快恢复，然后第二次挑战兰斯洛特，但结果相同。恢复后，他想发起第三次挑战，但亚瑟决定撤退。[16] 高文不仅显示出了非凡的力量，而且显示出惊人的复原能力，就像太阳在昼夜循环以及冬夏循环中的复元能力。

在《高文爵士和绿骑士》中，装饰高文盾牌的五角星代表纯洁、黄金以及太阳。斩首，例如高文最初对绿骑士的斩首，在炼金术中是一种常见的象征净化初始阶段的表达，这个阶段被称作“黑化”（Negredo）。[17] 高文对绿骑士的斩首和一年后的互换大约都发生在冬至日前后，这是一年中白天最短、夜晚最长的时候，代表着太阳的死亡和在新一年中的重生。

绿教堂位于一个土丘的内部，这有点像是炼金炉。高文在城堡中度过的三个夜晚暗示了炼金术的重复过程，可能是金属提纯的三个阶段。整个故事让人想起吞噬太阳的绿狮或绿龙，这是炼金术士经常使用的净化的寓言象征。[18] 太阳是金，而绿狮或绿龙是腐蚀掉杂质的硫酸。它也暗示了被我们称作光合作用的过程。这一点在当时并未得到科学证实，但显而易见：植物渴望阳光，转向阳光，如果得不到阳光就会死亡。太阳滋养植被，它的祝福永不枯竭。根据乔纳森·休斯的说法：“绿骑士是乌洛波洛斯（衔尾蛇）或龙的另一种表现形式，是硫

吞噬太阳的绿狮，出自炼金术和蔷薇十字会文献汇编，约 1760 年。

黄或自然的精灵，也是自然自我更新的无尽能力的法则。”绿骑士给高文留下的划伤可能代表杂质被清除。[19]

绿骑士居住的古老森林代表了炼金术转变初期的黑暗原始物质。第一次进入亚瑟王的宫廷时，他一只手拿着冬青树枝，另一只手拿着斧头，分别代表着生与死，然而两者自身都是存在矛盾的。冬青是基督教的一种象征，其叶子是基督的荆棘冠冕，而浆果是他的血液。而斧头，众所周知，不仅能砍倒树木，还会为阳光创造空间，从而刺激树木新生。绿骑士将引导高文了解出生、死亡和重生的奥秘。

亚瑟·拉克姆，汉塞尔和格蕾特遇到坏女巫，1909 年。这里的女巫与俄罗斯传说中的芭芭雅嘎不无相似之处。

8　森林女王

走出门去树林里，走出门去吧。如果你不去树林，什么都不会发生，你的生活也绝对不会开始。

——克拉丽莎·平科拉·埃斯蒂斯，《与狼共奔的女人》

一股鲜血从高文的脖颈流淌下来。他跳起来，准备战斗，但绿骑士平静地对高文进行启发、赞扬和温柔的斥责。在几行诗文中，绿骑士从恶魔变成了近乎神圣的人，但他没有居功，也没有承担责任。绿骑士解释说，策划高文冒险的人不是他，而是女巫摩根·勒菲。她派他到亚瑟王的宫廷，是想把她的对手桂妮维亚吓死，同时羞辱圆桌骑士。绿骑士称摩根为女巫，基督徒可能会认为这是亵渎神明。

事实证明，高文的一生都是由拥有力量的女人之间的冲突决定的，摩根、桂妮维亚、伯蒂拉克夫人和他的神圣守护者玛丽，这些女人对他本人的兴趣大多不如对其他某个女人的兴趣大。她们与亚瑟宇宙中的其他女人一起构成了一个女性世界。她们总体上至少和男性一样强大，但她们的世界只是偶尔与男性世界产生交集，一般是通过婚姻和婚外情。男人的权力大多是世俗的，通过武力来行使。女性的力量则通过魔法和阴谋来行使。

亚瑟王史诗的构建更多是依靠一种文学传统，而非口头传统。这些故事被无数次用英语、法语、德语以及其他欧洲语言的史诗重述。然而，诗篇中充满了令人联想到民间传说的形象。绿骑士除了让人联想到伊斯兰教中的赫迪尔和基督教艺术中的绿人之外，还会让人想到野猎人。伯蒂拉克爵士居住的高荒城堡就像是民间传说中的仙境，是一个不断举行盛宴、营造欢乐但又弥漫着强烈危险感的地方。

自然虽然并没有什么女性特征，但通常都被认为是女性，所以也许亚瑟王宇宙的女性们共同代表了自然世界。在欧洲民间传说和神话中，与植物或水有关的森林精灵主要是女性。在希腊罗马神话中，女性的林地精灵包括树仙子德律阿得斯和护树仙子哈玛德律阿得斯，德律阿得斯生活在树木中，但可以离开树木，而哈玛德律阿得斯会随着树木被砍伐而死亡。亚瑟王故事中的湖中仙女与林地精灵类似，它们大致相当于希腊罗马神话中的水泽仙子宁芙、斯拉夫神话中的鲁萨尔卡、塞尔维亚神话中的维拉斯、日耳曼神话中的尼克西、法国传说中的梅露西娜和海洋文化中的美人鱼。这些也是与水体相关联的强大的女性精灵，她们是危险的，但通常乐于帮助她们喜爱的人。在中世纪中期的骑士史诗中，作者越来越多地将命运女神、尼克西、宁芙、超凡脱俗的恋人和其他超自然的女性形象归入仙女这一类别。[1]在心理学中，森林通常被解释为“未被探索的女性气质”的象征。[2]

在亚瑟王相关的文学作品中，摩根·勒菲的形象扮演了无数的角色。她有时是湖中女神，有时是变形人。她可能是一个善良的治疗者，也可能是一个邪恶的女巫。她可能是亚瑟的保护者，也可能是他的对手。在众多的故事中，她唯一不变的特质是她的女性气质和强大的力量。无论好坏，她都是完全女性的。大多数时候，她以年轻女性的形象出现，但在《高文爵士和绿骑士》中，她是一个老太婆。

在乔叟的《坎特伯雷故事集》中，巴斯的妻子所讲述的故事中，有一个类似的人物也与高文有关系。她被称作“讨厌的女士”，是一个可以根据自己的目的变老变丑或变年轻变漂亮的变形人。摩根也类似于希腊罗马神话中的命运三女神，她们甚至控制着众神的命运，或者是北欧神话中的诺恩三女神。在维吉尔的《埃涅阿斯纪》中有一个库迈的西比尔，这是一个充满智慧、能预知未来的老妇人，她注定会日渐虚弱，直到最后只剩下声音。其他拥有超自然力量的老妇人还有北欧神话中代表老年的伊里和格林童话《魔鬼的三根金毛》中魔鬼的祖母。善良的变体包括意大利的贝法娜和日耳曼的霍勒妈妈。贝法娜在圣诞节给孩子们带来礼物，霍勒妈妈是年轻女孩的守护者。最后，还有万圣节的“邪恶女巫”，她通常面带愉快的微笑，看起来一点也不

"邪恶"。这一形象是女性化的，因为她是自然世界的化身，她也是古老的，符合原始遗产的特征。摩根在亚瑟王统治初期的故事中被描绘成一个老妇人，而那个时期的高文却充满了年轻的希望和活力，这是为什么呢？这种对比戏剧化地表现了亚瑟宫廷的相对纯真和女巫的原始力量。

芭芭雅嘎

民间传说中最重要的女巫之一是俄罗斯的芭芭雅嘎，在亚历山大·阿法纳西耶夫收集的《美丽的瓦西里萨》中有详细描述。芭芭雅嘎住在森林深处一栋用鸡腿支撑的房子里。房子周围是人骨栅栏，在尖桩上放着眼睛闪闪发光的头骨。小屋的门用人腿做门框，用人手做门闩，锁是一张有尖牙利齿的嘴。她坐在研钵里飞行，用杵划动作为动力，有一把扫帚清扫身后的路径。她又老又丑。她在她的烤箱里烤人，吃人就像吃鸡。[3] 虽然没有丈夫或爱人，但芭芭雅嘎有时会有几个女儿，长得很像她。一些故事还把她说成是蟾蜍、青蛙、蛇、蜘蛛、蠕虫和其他令人毛骨悚然的爬行动物的母亲。[4]

尽管芭芭雅嘎可能很可怕，但她有时会帮助那些路过森林家园的人。安德烈亚斯·约翰斯对这个形象进行了非常细致的研究，他在文章中写道："由于芭芭雅嘎与自然的多种联系，许多作者将她解释为自然森林的隐喻化身、自然女神或女性图腾祖先。"他还认为芭芭雅嘎身上的一些基本矛盾反映了我们对自然世界的矛盾态度。[5]

这在黑暗而美丽的俄罗斯故事《美丽的瓦西里萨》中表现得非常明显。瓦西里萨的母亲临死前给了她一个娃娃，告诉她要把它藏起来，喂它吃东西，并向它寻求建议。瓦西里萨的父亲是个商人，妻子死后一段日子他再婚了。瓦西里萨的继母带来了前一段婚姻的两个女儿，她们三个人都很嫉妒瓦西里萨的美貌。她们指派她做所有的家务，但是，她们不知道的是，这些事情都是由娃娃完成的。

一天晚上，商人出门去做生意，继母制订了一个计划，她的一个女儿熄灭了房子里最后一支蜡烛。两个继女要求瓦西里萨去芭芭雅嘎

伊万·比利宾，为《美丽的瓦西里萨》所作插图，芭芭雅嘎，1900年。

那里获取照亮的东西。娃娃让瓦西里萨安心前往，于是她走进了森林深处。直到一天早上，她终于来到了芭芭雅嘎的小屋。在那一刻，老妇人也出现了，称她可以闻到俄罗斯人的味道。瓦西里萨向她要光，芭芭雅嘎说她可以在房子里工作以获得光作为报酬，但是如果她拒绝，就会被吃掉。瓦西里萨同意了，但娃娃承担了大部分工作。一天，芭芭雅嘎问瓦西里萨她是如何完成那么多事情的，瓦西里萨回答说这是

伊万·比利宾，为《美丽的瓦西里萨》所作插图，瓦西里萨举着一个发光的头骨的画面，1899 年。

因为她母亲的祝福。芭芭雅嘎说她不会让任何受到祝福的人留在她的房子里。芭芭雅嘎把瓦西里萨带到外面，从一根篱笆桩上拿下一个眼睛明亮的头骨送给她，然后让她回家去了。

当瓦西里萨回到家时，房子里一片漆黑。她听继母说，自从她离开后，房子里的火都无法保持燃烧。继母把头骨拿到屋里。骷髅头一直将眼睛里的火光聚焦在继母和她的两个女儿身上。她们试图躲藏，但头骨的眼睛一直跟着她们，最后她们被烧死了。瓦西里萨把头骨埋到了土里，第二天进城找工作。一位老妇人把亚麻交给瓦西里萨，她在娃娃的帮助下纺出了最好的亚麻布。老妇人拿着布去见沙皇，沙皇非常喜欢，于是想让瓦西里萨为他做衬衫。最后，瓦西里萨嫁给了沙皇，并带着她的父亲和老妇人一起住进沙皇的宫殿里。她余生都把娃娃带在身边。[6]

像其他许多童话故事一样，这个故事不仅有一个女主人公，而且发生在一个女性领域中。活跃的角色都是女性：瓦西里萨、母亲、继母、继姐妹、芭芭雅嘎和老妇人。俄语中表示娃娃的单词 kykla 是阴性的，具有女性含义，而娃娃承担着传统的女性工作，因此它应该也是女性。父亲完全是被动的，而沙皇也只是一个摆设。这个故事说明了在童话世界里，森林是如何代表女性领域的。

如前所述，尽管有大量的学术研究，童话的起源仍然是难以探寻的。苏联民俗学家弗拉基米尔·普罗普支持的一种理论认为，童话可以追溯到仪式性的启蒙仪式，随着仪式不再施行而成为故事。[7] 根据普罗普的说法，这些故事涉及进入死者的世界，因为启蒙仪式中包含象征性的死亡和重生。当社会从以狩猎为基础发展到以农业为基础时，这些仪式就成了故事。[8] 这种启蒙起源可以解释为什么如此多的童话故事的开篇都是一个年轻人离开家去冒险，最后结局是他回来成家并在社区中占据一席之地。根据这一理论，森林既代表死亡之地，也代表启蒙之地。[9]

普罗普坚持认为，童话，至少是阿法纳西耶夫收集的俄罗斯童话，都可以简化为一个故事。这个故事中有七个角色和三十一段情节，情节的前后顺序总是相同的，不过在特定的某个故事中不一定包含所有角色或情节。[10] 但为什么这个故事要隐藏在如此繁多、令人眼花缭乱的变体之后呢？为什么不简单讲清楚这个故事就完事了呢？如果像普罗普认为的那样，这种启蒙的结构可以追溯到遥远的时代，那为什么在叙事的原始意义消失了几千年后它仍然保持不变呢？

普罗普的观点对于一些故事来说可能是正确的，但对另一些故事则不然。《美丽的瓦西里萨》听起来确实像是对女性奥秘的一种启蒙。这可以解释为什么它以及其他许多童话故事似乎完全以女性人物为中心，以及为什么父亲似乎完全不知道发生了什么。[11] 母亲、继母和帮助瓦西里萨的老妇人似乎是同一个人物形象的不同面向。也许，作为母亲，她给了瓦西里萨一个祝福和一个娃娃，但随后仪式性地退场了，然后以继母的身份将女儿推出家门接受启蒙。瓦西里萨归来后，她再次帮助女儿，这次是以一位年长朋友的身份。最后，瓦西里萨和她的丈夫为以老妇人形象出现的母亲和父亲的晚年提供了庇护。

《美丽的瓦西里萨》中的故事比大多数童话故事更具风格和戏剧性。例如：蜡烛熄灭、瓦西里萨被派去森林中的场景听起来很有仪式感，甚至可能这个故事被写下来时仪式还没有完全结束，这个情节正对应了仪式中的环节。在鲁萨利亚节（斯拉夫的亡灵节），乌克兰的女孩们会拿着稻草娃娃（可能很像瓦西里萨的娃娃）到田野里，然后跳一系列舞蹈，仪式性地表达她们保护娃娃，对抗母亲。[12]

芭芭雅嘎小屋周围的骨头可能指的是许多被森林覆盖的坟墓，甚至是村庄。瓦西里萨寻找的光可能是森林中发现的生物发光，这种发光有时被称为“狐火”或“仙女火”。许多种类的真菌会自己发光。瓦西里萨带回家的头骨甚至可能是一朵发光的蘑菇。

汉塞尔和格蕾特

《汉塞尔和格蕾特》的故事长期以来一直被公认为格林兄弟风格的典型代表。它的特点是极端的恐怖，尤其是“吃人”和“遗弃”的元素，但又将这些恐怖的元素混杂在了相当舒适的中产阶级生活的大量细节中。它主要以森林为背景，这是一个充满恐怖、希望和魔法的地方。当然，故事最后都会有一个幸福的结局。

在故事开篇，汉塞尔和格蕾特是一个樵夫的孩子。一天晚上，兄妹俩无意中偷听到父亲和继母的谈话。继母说他们没办法养活这两个孩子了。她提议把他们带到森林里，丢在那里，之后他们会饿死或被野生动物吃掉。父亲反对这个主意，但继母坚持，最后他同意了。当大人们都入睡后，汉塞尔到外面收集了一些闪闪发光的白色石头。

第二天早上，父亲和继母带着孩子们去森林里。汉塞尔一直回头看他的家。他告诉父亲他是在看屋顶上的小白猫，但实际上是把石头丢在路上。父亲和继母给两个孩子生了一堆火，给了他们一些面包，然后就离开了，但孩子们顺着石子的路线回到了家中。

第二次，孩子们又在晚上偷听到了父亲和继母的话，他们计划把孩子们带到森林更深处丢掉。汉塞尔又想出去捡石子，但是他发现门已经被锁上了。这一次离开家后，他撒了面包屑做记号。他还是回头看向家的方向，父亲问他看什么时，他说他正在看屋顶上的鸽子。父亲和继母又一次遗弃了孩子，但这一次，当兄妹二人试图寻找回家的路时，他们发现鸟儿吃掉了那些面包屑。

孩子们跟着一只美丽的白色小鸟走，小鸟把他们带到了森林里的一座小房子前面，房子的墙壁是面包做的，屋顶是蛋糕做的，窗户是糖做的。他们就吃起了房子，这时一位老妇人走了出来。他们撒腿逃跑，但她邀请他们进屋，招待他们吃了一顿佳肴，并把他们带到床上。

但事实证明，老妇人实际上是一个女巫，房子是一个陷阱，她用它来引诱孩子们，然后把孩子们烹饪吃掉。第二天，她把汉塞尔关进了一个围栏里。女巫让格蕾特做仆人，负责把汉塞尔养肥，养到可以吃。她给汉塞尔精美的食物，而格蕾特却饿得要死。每天，女巫让汉塞尔伸出一根手指，这样她就能知道他是否够胖可以吃了，但他伸出的是一根鸡骨头，女巫视力不好没看出来，所以决定再等等。

最后，女巫失去了耐心，决定不管汉塞尔是不是够胖都要吃了他。她告诉格蕾特做准备，给烤箱生火，还要烧水，然后让格蕾特爬进烤箱看看是否够热了。女巫打算把这个女孩和她的哥哥一起烤了吃掉，但是格蕾特说她不知道如何检查烤箱。女巫给她演示，把头伸进了烤箱，格蕾特把女巫完全推了进去，关上了烤箱门。女巫被烧死了，格蕾特将汉塞尔放了出来。他们带着女巫房子里珍贵的珠宝和珍珠回了家。他们的继母已经死了，孩子们和他们的父亲依靠得到的财宝过上了幸福的生活。[13]

这个童话经常被与《大拇指汤姆》相比，在那个故事中，主人公汤姆进入一个食人魔的家里，杀死了他并抢走了他的财富。[14] 然而，我非常确定《汉塞尔和格蕾特》是《美丽的瓦西里萨》的翻版。故事的主人公是格蕾特，在被女巫绑架后，她占据了主导地位，最后戏耍了女巫，而之前在路上扔石头的汉塞尔则从最初的主动变得被动。汉塞尔是一个从属角色，类似于瓦西里萨的娃娃。在这两个故事中，父亲都是完全被动的。在这两个故事中，食人女巫都住在森林深处一个奇怪的小屋中，屋里有一个烤人的烤箱。汉塞尔将鸡骨头伸出来表明自己没有变胖，鸡骨头这个细节有可能便是芭芭雅嘎和被她所害之人与鸡之间的联系的残留痕迹。瓦西里萨身不由己离开家去寻找光，而格蕾特和汉塞尔因缺少食物而被送走，但两个故事的主题是一致的，都是被遗弃在充满神秘、危险和机遇的森林中。

也许最能说明邪恶女巫原本是芭芭雅嘎的是她被格蕾特欺骗的方式。同样的基本事件也发生在俄罗斯故事《芭芭雅嘎和勇敢的青年》中。这个故事同样被收集在阿法纳西耶夫的故事集中。在故事中，芭芭雅嘎有一个女儿，她被命令去烹饪一个勇敢的青年。女孩告诉青年要进到烤盘里面。青年照做了，但他把一只脚放在地上，另一只脚顶着屋顶，所以烤盘无法被移动。女孩告诉他这样不行，他让女孩向他展示该怎么做。然后女孩躺到了烤盘里，勇敢的青年把她推进了烤箱里。芭芭雅嘎稍晚些时候回来，吃掉了自己的女儿。[15] 在其他芭芭雅嘎故事中也都有类似的事情。[16] 不过，《汉塞尔和格蕾特》中的邪恶女巫与《美丽的瓦西里萨》中的芭芭雅嘎也有不同之处，她似乎是一个彻头彻尾的邪恶女巫。

与被遗弃的兄妹的故事相比，瓦西里萨的故事更能被归入民间传说的类别，而且可能更古老。《汉塞尔和格蕾特》中有许多关于舒适的中产阶级生活的暗示，这似乎不太适合出现在一个饥饿劳动者的叙述中。汉塞尔养了一只宠物猫和一只鸽子，而直到近代早期和现代中产阶级兴起后，饲养宠物才变得普遍起来。对情感的强调使格林童话的风格更接近感性时代的中篇小说，而不是传统的民间文学。

我们一直在看的故事都发生在女性领域内，或至少在女性领域的外围，具有这种领域内独特的价值观、故事、技能、竞争、期望、仪式甚至各种力量。它与男性领域平行，偶尔也有交叉。这一点在《美丽的瓦西里萨》中显而易见，但在《汉塞尔和格蕾特》中则远非如此。随着我们进入现代，这一女性领域开始瓦解——人们可能会将这理解为进步，也可能理解为退化，还有可能认为其只是单纯的改变。原本属于男性的领域被赋予了新的普遍性，留给女性的位置变得更加从属。但对女性世界的怀念依然存在，而且男女都能感受到这种怀念。

林中女

不同语言中“森林”的同源词有不同的词源和关联，并不能够完全翻译。拉丁语 silva 普遍在欧洲大部分地区使用，直至现代早期。这个词是阴性的，法语中的 for ê t 也是阴性的，但德语中的 wald 和俄语中的 les 是阳性的。至于森林的人格化形象，也是既有男性的，也有女性的，前者如洪巴巴，后者如芭芭雅嘎。

随着欧洲人越来越城市化，森林开始代表“他者”，对于男性群体来说，森林便意味着女性。森林是文明诞生的原始子宫。从大部分带有大男子主义倾向的男性的角度来看，这意味着森林变成了需要征服的东西，这是欧洲定居者在新近发现的新世界中经常采取的态度。这些地方有时被称为处女地，隐秘地暗示掠夺森林就有点像夺走年轻女性的贞操，甚至是强奸。

但森林也是一种墓地，村庄甚至整个文明最终都会被埋葬在森林之中。这是一个充满秘密、魅惑和女性神秘的地方。生活在森林深处偏远之地的女巫成为浪漫文学的常见主题，尤其是在日耳曼地区。一个主要的来源是中世纪晚期的骑士唐豪瑟的传说。在格林兄弟记录的版本中，他骑着马穿过一个偏远地区，拜访了女神维纳斯栖居的大山。停留了一段时间后，他感到愧疚，并开始想家。唐豪瑟决心离开。维纳斯尽她所能说服他留下来，甚至提出让她的一个女侍从做他的妻子，但唐豪瑟不为所动。他去教皇那里忏悔自己的罪过并进行赎罪苦修，但教皇告诉唐豪瑟，只有当教皇的手杖长出绿叶时，他才会被原谅。骑士沮丧地离开了，但是，三天后，手杖开始开花。教皇的特使去寻找唐豪瑟，但为时已晚，他已返回大山中。[17]

这个故事是关于崇尚女性气质的骑士精神与更为严苛的基督教父权之间的冲突。这位女巫师被定义为希腊罗马的神，但是居住在一个偏远森林中和死去的木杖发芽的母题暗示这是一个更本土的生育女神，也许与摩根·勒菲有相似之处。[18] 在传奇和浪漫文学作品中，她的样子可能是苍老的，也可能是年轻的。在路德维希·蒂克的小说《如尼山》中，这两种形象相互融合。她是一个很老的少女，或者说是一个年轻的老妇。

在故事的开始，一个名叫克里斯蒂安的年轻人对家乡的封闭生活感到失望，他没有像父亲一样当园丁，而是成了一名猎人。一天，他心情沮丧，无意中拔起了一根曼德拉草根。他听到一声悲戚的叫声，仿佛整个大自然都在哀叹，他便开始逃跑，但随后他看到一个陌生人站在他身边。他们愉快地交谈了一会儿，陌生人指引他去往森林中一座山上的城堡废墟。

克里斯蒂安向城堡走去，道路变得越来越荒凉，越来越危险。最后，他来到一扇窗户前。透过窗户，他看到一个用水晶和矿石装饰的宽敞大厅。屋子里面有一个身材高挑、看上去很有力量的女人，有一种不加修饰的、超凡脱俗的美。她唱着歌，唤起古老的灵魂，脱掉衣服，然后在大厅里大步走着，她的长发飘逸在身体周围。她拿起一块镶有宝石的石板，凝视了一会儿。然后，她走到克里斯蒂安面前，打开窗户，把石板递给他，并说："拿着这个，当作是对我的纪念。"克里斯蒂安恍惚之中接过石板，匆匆离去。黎明时分，他发现自己在一个遥远的山坡上，而石板已经不见了。

他回到村子，安定下来，结婚生子，以务农为生，过了一段非常幸福的日子。一天，一个人出现，起初看上去似乎是山上那个陌生人，但走近之后，他认出她是一个丑陋的老太婆。她用骇人的声音问了几个关于他的问题，然后表明自己是林中女。当她离开的时候，克里斯蒂安看到了曾透过如尼山城堡的窗户看到的属于那个女人的强壮四肢，因为这三个人都是同一个人。然后，克里斯蒂安感觉自己被吸引拉扯向她，不可抵抗。他沿着一个废弃的矿井爬下去，找到了林中女，从此离开家人，按照她的吩咐在地下收集宝石。

这位拥有大理石般肌肤的雕像美人显然是唐豪瑟传说中的维纳斯，然而这里的她比希腊和罗马的神更原始。克里斯蒂安被她吸引，既不是因为爱情，也不是因为欲望，而是因为认识到大自然的浩瀚，每一块石头、每一棵树都有自己的声音，而与之相比，人类文明非常渺小。他不可能做农民或园丁，因为从他拔起曼德拉草那一刻起，他便理解了植物的哀叹。

严肃文学，甚至可以说普遍的艺术，通常都为我们提供了一个广阔的视角，在这个视角下，我们日常关注的大部分问题以及与之相伴的虚荣都很容易变得微不足道。它们揭示出我们所认为的"常识"大多是一种错觉。这带来了许多危险。人们可能会认为艺术家傲慢自大，而他们可能是对的。更严重的是，这会产生一种疏离感，进而会发展为对他人的冷漠，或无所适从。故事结尾的克里斯蒂安是萨满、疯子还是怪物？这是留给读者决定的。

艾兴多夫男爵是一位描写日耳曼森林的诗人，他可以在森林所激发的恐怖、平静与亢奋之间保持微妙的平衡。在《森林对话》中，艾兴多夫讲述了一个非常像林中女的人物形象：

天色已晚，渐渐变冷，
你为什么独自骑马穿过森林？
森林广袤；你孤身一人。
啊，美丽的新娘，我会带你回家。

"我已经伤透了心，见识过
男人的谎言、狡诈和诡计，
森林的号角声在各处回响，
逃离吧，你并不知道我是谁。"

你是如此美丽的女人，你的马

装点着如此华美的珍宝。啊当然!

上帝保佑我!你承认吧
你是女巫罗蕾莱。

"你没认错。你曾经看到过
我的城堡在高山上俯视着莱茵河。
天色已晚,渐渐变冷,
你永远走不出这片森林!"[19]

罗蕾莱原本是一个将男人引向厄运的"红颜祸水",最初出现在克莱门斯·布伦塔诺写的一首诗中,这首诗后来变成一首民谣广为流传。而在这里,罗蕾莱变成了一个女巫,同时也是森林的化身,充满了危险和诱人的美丽。骑手在遇到她时,想象她是无助的,他掌控着局面,但他很快了解到她比自己要强大得多。她会杀了他吗?她会囚禁他吗?他能逃脱吗?她是幻觉吗?我们只能猜测。悚然的剧情被略显平淡的标题《森林对话》弱化柔和了一些,这个标题好像只是指在树叶沙沙作响中听到的谈话。这首诗是傲慢的人类与自然之间的对话,自然看似极端脆弱,但最终比人强大得多。

母亲树

无论人们将森林视为危险之地还是拯救之地,通常都会把森林当作女性。这隐含在母亲树这个概念中,母亲树是由科学家苏珊娜·西马德提出的,她在证明林木通过菌根真菌网络交换养分和信息方面做了重要工作。这一术语指的是一棵古树,它成为一个复杂的真菌物种网络的中心,并滋养着周围的森林。[20] 母亲树是周围地区中最古老的树,经历过森林火灾、虫害和干旱等逆境一直幸存。她是树的女家长,将智慧传递给她的家族和社区。

但是为什么是"母亲树"而不是"父亲树"或"父母树"呢?西马德讨论的大多数树木都同时具有雄性和雌性的生殖器官。她在自传

《寻找母亲树》中讲述自己生活在一个以女性为主的世界里,和她一起工作的主要是女性同事和学生,她还抚养着两个女儿。虽然她的叙述听起来完全没有对男性的敌意,但所有男性似乎都只是徘徊在女性社区的边缘,他们要么不愿意加入,要么无法完全加入。西马德不断将男性林业机构过去提出的树木之间相互竞争的旧观点与她自己的发现进行对比,她发现树木在家族中甚至跨物种之间相互滋养。她不仅将母亲树视为一项发现,而且将其视为一种理想。对她来说,森林是一种母权制,这种观点在传统中有充分的基础。

理查德·鲍尔斯在他最近的小说《上层林冠》中戏剧化地呈现了西马德的发现。这部小说讲述了人与树之间相互关联的故事。母亲树的角色是一个没有目标的大学生奥利维娅·范德格里夫,她触电死于心脏衰竭,然后又复活了。重生后,她能够理解树木的声音,并成为一群环保战士的领袖。她和一位名叫尼克·赫尔的活动家一起在一棵红杉上待了一年,以阻止伐木工人砍伐它。最终他们被迫下树,她和朋友们计划摧毁伐木设备,但她在一次意外爆炸中丧生。她的团队将她火化,然后四分五散,只带走了回忆,就像一棵枯树的种子一般飘落向其他地方。[21] 至少在我看来,奥利维娅和她的团队似乎太微不足道了,情节也太做作了,无法与古老的森林相提并论。但任何一位森林女主也都很难达到芭芭雅嘎或摩根·勒菲的水平。

9 古典森林、洛可可森林和哥特森林

树木和植物总是看起来像与它们生

活在一起的人，不知何故。

——佐拉·尼尔·赫斯顿

罗马帝国的终结与《圣经》中预言的天启末日之间的差别简直犹如云泥。没有上帝之师和魔鬼之军的大战。没有龙甩动尾巴把天上的星星砸下三分之一来。没有从海里冒出来的长着七头的怪兽亵渎上帝。罗马的权威是逐渐衰落的，时隔千百年回望，感觉几乎是和平的。中世纪的画家们常常将耶稣马槽的场景置于异教神庙的废墟中，以此暗示一种向新时代的平和过渡。早期基督教对世界末日的预期让位于一种更偏向循环性的时间观，由起起伏伏的节奏支配，这种节奏似乎足够稳定，足以缓和历史的恐怖——至少有时是可能的。

在欧洲乃至全球，长期来看趋势都是逐渐砍伐森林，但这一趋势却远非持续不断。森林的范围一直在变化，有时缩小，有时扩大，取决于人口、技术和居住模式等因素。在长期战争和饥荒时期，森林面积扩大，而在相对繁荣时期，森林面积则减少。在欧洲，最初由于罗马帝国的衰落和查士丁尼瘟疫，森林面积有所增长，但是到了中世纪末期，森林砍伐率迅速上升。[1] 而在 14 世纪中叶，欧洲三分之一以上的人口死于淋巴腺鼠疫，这种趋势暂时得到扭转，然后随着人口的恢复，森林面积再次下降。[2] 随着工业化的发展，森林开发开始与经济周期相关联，在经济扩张时森林面积增加，在经济衰退时面积减少。[3] 19 世纪后半叶到 20 世纪初，由于人口向新大陆迁移、城市化和煤炭取代木材成为取暖材料等，欧洲森林面积再次扩大，或至少趋于稳定。两

詹姆斯·达菲尔德·哈丁,《奥斯塔的奥古斯都凯旋门风景》,1850年,版画。这座异教纪念碑最初被改造成一座教堂,后来沦为废墟。从某种意义上说,在它的阴影下安静劳作的牧民是罗马征服者的继承人。

尤金·米拉,《凡尔赛大喷泉》,1844年,版画。凡尔赛宫旨在展示人类对自然元素的掌握,一组巨大的水泵甚至逆转了一条河流的流向。到19世纪中期,这种渴望仍然大体存在,但背景中的树木几乎已经不受控制,得以重新生长到了开始不祥地盖过人工造物的程度。

彼得·莱利，《诺森伯兰伯爵夫人伊丽莎白·莱奥瑟斯利》，1665—1669年，布面油画。伯爵夫人手指向的大概是她的贵族庄园。她站在一片茂密的森林中，这是为了突出领地的古老悠久。在她旁边是一根柱子的遗迹，很可能是虚构的，但它代表了她的传奇血统。

次世界大战造成的军事灾难和经济破坏引发了欧洲森林再次减少，[4] 在20世纪后半期开始恢复。

有时森林的再生是自然发生的，但通常树是被种植的，以显示所有者的威望或纪念大事件。国王和贵族会沿着通往住所入口的路种植树木，这不仅是为了给道路遮阴，也是为了引人注目。他们会保存特别高大的树来彰显自身血统的古老悠久。这些树木都是舞台布景，旨在将人们的注意力集中在宫殿之上，那里才是重大事件发生的地方。

到了17世纪，大范围的园林景观建设成为皇室和贵族热衷投入的事情。从以美第奇家族宫殿为代表的文艺复兴时期宫殿到凡尔赛宫，都戏剧性地展现了人类凌驾于环境的力量：花园被规划成整齐对称的图案，许多树木被修剪，故意塑造成尽可能不那么自然的样子。到了18世纪，景观建设变得更加微妙和谨慎。大自然不再是需要征服的对手，而是潜在的盟友。森林似乎蕴含着伴随古老年龄而生的魅力和权威，从而令从贵族家族到共和国的各种机构都神圣化。有关地位和权力的信息并没有公开宣扬，至少部分被隐藏起来，使其看起来像是自然法则所规定的。森林的管理反映了不断变化的时尚、政治、艺术风格和哲学。

随着皇室和贵族势力的衰落，森林的象征意义被日益壮大的中产阶级获得。森林重新占领、吞噬人类建筑的景象早已司空见惯。对欧洲人来说，这些图像是与虽隐晦不明但持续增长的恐惧相呼应的，这种恐惧便是现代的创新可能会引发一场末日般的灾难。

森林与历史

詹巴蒂斯塔·维科是那不勒斯一个书商的儿子，他生活在 18 世纪，成长环境中满是历史留下的痕迹。他透彻地学习研究过原始拉丁文的罗马经典，这是他早期作品的写作语言。与游客不同，他几乎每天都会看到罗马的遗迹，所以他可能注意到了这些遗迹逐年慢慢衰败的过程。

维科阐述了一种历史循环理论，他认为文明首先从森林中出现，接着屈服于森林，然后再次出现。他的《新科学》一书首次出版于 1725 年，讲述的便是文明的历史。他定义的这段历史自亚当和夏娃被逐出伊甸园之后开始，当时森林覆盖着大地，第一对人类夫妻的后代像野兽一样在森林中游荡。他们几乎看不见前方，因为茂密的树木挡住了视线，所以他们无法形成社会。他们受性欲控制，不加选择地交媾。因为他们完全面向身体的世界，所以变成了巨人。

首先是神的时代。巨人的视野唯一没有被树木遮挡的方向是上方，因此他们凝视着天空。树木就如同哥特式大教堂的拱门一样，将观看者的目光引向了神的居所。他们看到了闪电，这是朱庇特在宣示神威。巨人们被彻底吓坏了，躲到洞穴里避难，人类社会开始形成，然后有了宗教、婚姻，并埋葬死者。接下来是英雄时代。人们烧掉森林开荒种田。像赫拉克勒斯和阿喀琉斯这样的勇士过着冒险的生活，像荷马这样的游吟诗人则为人类文化奠定了诗意的基础。最后是人类时代，人们定居在城市中，并努力在理性的基础上建立社会的秩序。社会纽带式微，直到最终被自然灾害、战争和堕落摧毁。森林重新拥有大地的主权，循环再次开始。维科用的主要例子是大洪水。在诺亚的儿子中，雅弗和含在重新长出树林的大地上游荡，堕落到野兽般的状态。只有闪的一些子孙，即希伯来人，保留了他们的文明。[5]

维科的作品在出版后的数十年中都鲜为人知，但到了浪漫主义时代，受到了普鲁士的赫尔德、英国的柯勒律治和法国的米什莱等人的关注，变得颇具影响力。维科以诗意的方式进行思考，主要是通过图像，这使他的思想能够渗透到欧洲文化中，不那么引人注目，但又非常深入密切，以至于人们永远无法分清他的影响始于何处，又终于何处。18 世纪的版权法规比较宽松，所以精神图像通常在不知不觉中传递。人类起源的黑暗森林、透过树隙瞥见朱庇特以闪电的形式划过天空、早期的人类蜷缩在洞穴中——这些来自维科思想的图像会出现在艺术、科学和文学作品中，但通常不会说明来源。

人类源于森林的观点是维吉尔神话的现代化，维吉尔神话认为最早的人类是从树里长出来的。不过，维科所说的森林本身就是一个神话。事实上，人们可以很容易地在森林中看到彼此，足以形成社会纽带，正如在澳大利亚、非洲和美洲等世界各地的森林居民文化所表现出的那样。尤其是在一片古老的森林中，林下植被通常不是很茂密，树干之间有足够的空间。相比而言，人们可能很难透过浓密的树冠看到天空。

废弃土地必然会回归森林，这样的观点也是不正确的。树木的生长可能会受到气候、土壤、食草动物、火灾等因素的抑制。除了森林外，还有针叶林、草原、沼泽、沙漠和许多难以分类的景观。维科想象的起源森林就类似于塔西佗的日耳曼尼亚森林或但丁的黑暗森林。简而言之，是一幅原始混沌的图像。不过他把黑暗的原始森林想象成了希望之地。

维科阐述了一个神话般的概念，这个概念已经部分蕴含在欧洲文化中，即森林是原始起源，是文明最初兴起的环境，也是文明最终衰落的走向。不过他定义的阶段不是连续的，而是同时发生的，因为文明的三个阶段可能同时出现在世界的不同地区。森林成为一个文明社会所处状态的标志。正如夏多布里昂所说:“森林先于人类，而荒漠跟在人类之后。”[6] 维科写作时，欧洲开始出现不同的森林概念。这并非受维科的影响，毕竟维科的影响始终局限于一小部分知识界，但这应该也不是维科刻意造成的。不过艺术和文学中的哥特森林大致对应他所谓的神的时代，古典森林对应英雄时代，洛可可森林对应人类时代。

古典森林

昔日有角斗士们搏斗厮杀、动物们被屠戮的斗兽场，到了 17 世纪已经成为一片废墟，杂草丛生，牛羊于其间悠闲地吃草。离那不勒斯不远的庞贝城和近年来发现的赫库兰尼姆城经历了更宏大的末日，它们是被火山喷发的熔岩摧毁的。旅游业越来越兴盛，尤其是艺术家们越来越热衷于旅行，那不勒斯是仅次于罗马的最受欢迎的旅游目的地。这里的风景还没有被大规模商业化操作，没有导游提供现场解说或催促团队快点走。在这里的旅行经历是悠闲放松的，也是充满沉思的。这些遗址无人理会，慢慢衰败，而牧民和其他劳动者在废墟中进行着自己日常的劳作。

克劳德·洛林（在英语世界他一般被称作克劳德，绰号“洛林人”）是南欧最重要的风景画家。他出生于法国，但一生大部分时间都在罗马度过，绘制了大量罗马和那不勒斯所在的坎帕尼亚地区在黄昏或黎明的柔和光线下的风景。他的风景画以废墟为特色，在废墟中，希腊罗马的神灵或理想化的农民正在进行着他们的劳作。他的画作《宁芙和萨梯跳舞的风景》（1641 年）可能使用了古代神话中的人物，但前景中的神庙已经废弃，长满了植被。画中的人物是以农民的形象出现的神吗？还是以神的形象出现的农民？这些画作几乎没有描绘任何可以确认年代的历史事件，因此它们似乎不在时间之内，仿佛罗马帝国根本没有真正衰落一样。

那不勒斯的农民，他们的舞蹈、色彩鲜艳的服装、歌曲和民间传说，对欧洲知识界来说也是拥有无穷无尽魅力的东西。坎帕尼亚过去和现在都是出了名的贫穷。它不仅受到火山爆发的影响，还受到瘟疫、地震和强风暴的荼毒。然而，路过这里的艺术家们把农民描绘成年轻、

克劳德·洛林，《宁芙和萨梯跳舞的风景》，1641 年，布面油画。

健康、无忧无虑的样子。他们可能是强大的罗马贵族或将军的后裔，甚至是直系后代，但他们似乎并不怎么在意这一殊荣。

最常见的是农民被描绘成正在牧羊，这种活动至少自荷马时代以来基本上没有变化过。这种行当在古代世界和当代世界之间建立了一种连续性。农民代表着重新掌控了废弃的神庙、宫殿和圆形剧场的自然力量。罗马和那不勒斯周围的景象既提醒人们人类成就的短暂性，也提醒着辉煌的过去。但是那不勒斯农民也代表着未来。这些"原始"人曾经建造起一座伟大的城市，征服了大部分已知世界，也许有一天他们会再次崛起。常被称为"永恒之城"的罗马似乎存在于神话时代，在那里，过去和未来的区别变得微不足道。[7]

与克劳德同时代的画家萨尔瓦多·罗萨（也称"萨尔瓦多"）经常被认为是克劳德的对立面，然而他们有很多相同之处。萨尔瓦多一生大部分时间也都在罗马和那不勒斯度过，他同样画过点缀着古代遗

克劳德·洛林，《有残破塔楼的村庄前的舞蹈者和乐师》，约 1630—1660 年，钢笔墨水素描。

迹和小巧人物的茂密森林和岩石的景观。不过克劳德的背景通常是宁静的天空，而罗萨更喜欢带有威胁感的天空——他经常画的不是农民，而是土匪或士兵。18 和 19 世纪的评论家认为，克劳德浓缩描绘了古典主义的景观，罗萨则描绘了浪漫主义的景观；克劳德是“美丽”的大师，萨尔瓦多则是“崇高”的大师。[8] 但这些都只是一个过程的不同侧面或阶段而已。

彼得罗·法布里斯，《那不勒斯梅尔杰利纳与唐安娜宫风景》，1777 年，布面油画。在风景中有拉开渔网的渔民、烤鱼的农民以及其他交谈的人。

萨尔瓦多·罗萨，《礁石岸边的盗匪》，1655—1660，布面油画。

洛可可森林

一个穿着优雅的年轻女子坐在秋千上荡向森林树冠，她踢着一条腿，把鞋子踢飞出很远。这是故意的行为，不是意外。她的表情审慎专注，眼睛盯着那只鞋，她甚至可能早就仔细瞄准了目标才踢的。在她下方，藏着一个同样衣着精致的年轻男人，也有可能他只是假装在躲藏，而她清楚地意识到了他的存在。她向上踢腿，让他得以匆促地瞥见自己的腿。在稍高一点的地方，有一尊丘比特雕像，十分写实，栩栩如生，手指竖在唇前，叮嘱人们保持沉默。女子下方是两个小天使的雕像。远处有一个模糊的男人的身影，他正在用绳子控制着秋千。

飞出去的鞋子可能是对夏尔·佩罗版灰姑娘故事的讽刺化用，在故事之中，女主人公在离开舞会时丢失了一只鞋子，给了王子一个寻找她的方法。画中的鞋子是向年轻男人发出的邀请，他可以在森林里寻找这只鞋子，找到后把它还给她。读者现在应该已经意识到这一幕来自让·奥诺雷·弗拉戈纳尔于 1767 年创作的《秋千的幸福意外》。[9] 弗拉戈纳尔与让－安托万·华托和弗朗索瓦·布歇同为法国洛可可风格的代表画家。

洛可可森林最早出现在 1697 年出版的夏尔·佩罗童话故事集《过去时代的故事和传说》中。1663 年，佩罗受雇于让·巴蒂斯特·柯尔培尔，柯尔培尔是法国国王路易十四的财政部长，权势赫赫，出于纯粹的经济考虑，对法国森林的衰退深表担忧。有一部分原因是为了强调森林作为皇室和贵族遗产所具有的重要文化意义，佩罗将许多故事都设定在魔法森林中，[10] 其中最著名的是《睡美人》和《小红帽》。他还采用一种戏谑、讽刺的语气，缔造出洛可可式的氛围。灰姑娘和佩罗故事的大多数主人公一样，似乎出身贵族。虽然他故事中的一些角色会暂时陷入贫困，但除了依靠特权地位之外，似乎没有人有工作或以其他方式谋生。

在仙女教母的指引下，灰姑娘在花园而不是在森林中找到了能给她带来魅力的物品，然而从语境中来看，森林与花园之间几乎没有区别，两者都是皇家或贵族领地的延伸。仙女教母把她的南瓜变成马

让·奥诺雷·弗拉戈纳尔,《秋千的幸福意外》,约 1767—1768 年,布面油画。

雅克·菲尔曼·博瓦莱，《钓鱼》和《打猎》，18 世纪，版画，水彩上色，据弗朗索瓦·布歇画作创作。法国的洛可可艺术家们将森林中的活动转变为色情的游戏，甚至在描绘对象是孩子时也是如此。

车，把老鼠变成拉车的马，一只大老鼠变成车夫，蜥蜴变成仆人。在舞会上，王子爱上了灰姑娘，但到了午夜时分，魔法失效，灰姑娘不得不匆匆逃走，仓促之中丢了一只鞋子，后来王子凭借着鞋子找到了灰姑娘。[11]

洛可可风格的绘画最初主要是围绕着 18 世纪初路易十五统治时期的法国贵族。由于前一任国王路易十四在位期间持续不断的战争和雄心勃勃的建筑项目，法国人民筋疲力尽，经济上又十分困窘，贵族们想找点乐子。洛可可风格将克劳德等古典风景画画家的创作手法运用到更加奢华的环境和不那么严肃的价值观中。

古典风景画中的农民和神祇被年轻的贵族小姐和绅士取代。法国洛可可绘画的主题不是演奏音乐或放羊，而是进行软色情的游戏。他们可能在荡秋千、玩摸瞎子或捉迷藏。通常，他们是在树林中野餐或只是调情。他们不会穿着古典简约的服装，而是穿着宫廷的精致时装，头戴敷了粉的假发。

背景中不是真正的古代遗迹，而是昂贵的仿制品。其中包括许多异教神的雕像，尤其是维纳斯和丘比特及小天使的雕像，还会出现奢华浮夸的大理石柱子。这些雕像一点也不古色古香，它们通常被画得像人一样，而钓鱼和打猎等活动被用来作为求爱或诱惑的隐喻。

森林是景观经过精心设计过的庄园产业，与豪华花园直接毗邻。画中的情绪确实是戏谑的，不过带着一种只有在非常安全的情况下才会出现的快乐。内容也可能是叛逆的，但还是非常温和，因为那些色情越轨行为被传统化为礼仪元素。爱情可能是一种游戏，但它有许多规则，有些是不会说明的，那些不是在贵族家庭长大的人永远不会想去理解。画中的姿态很有戏剧性，看似自然，但又明显做作。构图以有机弯曲的、流动的线条为基础，将人类和植物结合在一起。最重要的是，这是一个色情化的森林景象。古老巨大的树木背景使贵族都会感觉窒息的礼仪规范显得那么自然。

洛可可风格非常具有局限性。无休止的嬉戏很容易显得微不足道。

阿尔伯特·亨利·佩恩，《摸瞎子》，19世纪，版画，
根据丹尼尔·霍多维茨基画作创作。

让·安托万·华托，《牧羊人》，约1717年，布面油画。右边跳舞的夫妇和左边荡秋千的夫妇是贵族，他们的服饰精致，举止有教养，看起来非常惹人注目。他们在扮演牧羊人和牧羊女，但其他男人和女人才是真正的牧羊人。华托是有史以来法国洛可可风格画家中最微妙、最敏锐的一位，他温和地评论了贵族游戏的无益无用。

永恒青春期的形象可能很迷人，但也很黯淡。森林本身增加了一丝沉重感。花园虽然巧夺天工，但往往杂草丛生，黑乎乎的枝丫似乎是不祥之兆，尤其是在阴云密布的天空下。我们凭借后见之明的优势，会觉得它们甚至可以暗示着法国大革命的前奏，正是法国大革命最终终结了那个世界。这些画作中隐约可见哥特森林的影子，不受控制的大量植被似乎即将冲破阻挡。这些阴郁的树木也许是在无意识中传达一种认知，画作中稀薄的氛围无法持久。

这种风格传播到了英国，托马斯·庚斯博罗和乔书亚·雷诺兹等艺术家弱化了原本的戏谑性，转而以树木繁茂的庄园作为背景绘制贵族人物的肖像。洛可可风格继续影响着整个欧洲和北美的室内设计，尤其是对精致、古怪和人格化装饰的热衷。

哥特森林

哥特森林出现在文学作品中的时间略晚于洛可可森林，它的出现大致与工业革命相对应。“哥特式”最初是指中世纪晚期欧洲北部和中部流行的一种风格，基本上也一直都是指这种风格。哥特风格的顶峰集中体现为大教堂的高拱门，这些拱门看起来就像是构成森林树冠的树木。哥特这个词现在被更广泛地应用于艺术或文学，哥特艺术和哥特文学的情绪是神秘、迷人、激情、高度夸张或恐怖的。哥特式的树林黑暗、古老，令人生畏。它们初看是无人居住的，但无论是谁走进其中，都可能会发现废墟或小屋，通常位于最荒凉的地方。除了隐士和窃贼之外，哥特森林中还居住着宁芙、女巫、鬼魂、巨人、矮人和其他超自然生物。前文已经谈及，这样的树林构成了骑士史诗的背景。在格林兄弟的童话故事中的森林最接近哥特森林风格，格林兄弟以森林为背景的方式与夏尔·佩罗有些相似，但他们把森林变成了中产阶级和农民的领地。格林兄弟与佩罗戏谑讽刺的行文不同，他们在讲述他们的大部分故事时都是非常认真的，无论那些故事多么荒诞不经。

哥特式小说通常从中世纪欧洲浪漫传奇结束的地方开始，在传奇故事发生的几百年之后，哥特小说的主人公发现了隐藏在森林中的废墟，了解了过往的黑暗秘密。在安·拉德克利夫出版于1791年的小说《林中浪漫史》中，主人公皮埃尔·德·拉·莫泰在树木之间窥见一座大型建筑物。走近后，他“看到了一座哥特式修道院的遗迹：它矗立在一片粗糙的草坪上，被枝叶伸展的高大树木遮蔽着，那些树似乎与这座建筑是同一个时代的，散发出一种浪漫的阴郁……爬满常春藤的高大城垛有一半坍塌了，成了猛禽的栖息地”。[12]

在威廉·华兹华斯1798年的诗《作于丁登修道院几英里之上的诗行》中，作者眺望着下方的森林，那里看似是一个整体，但隐藏着修道院的遗迹，他记得就在那里，但是看不到。树丛中升起一缕缕烟雾，他认为那是隐士的家或流浪者的营地。这些都让人想起了1532—1533年亨利八世因摧毁修道院而造成的受害者，受害者既有宗教上的，也有世俗中的。诗人回忆起自己童年时代对自然景象的强烈感受，似乎

卡斯帕·大卫·弗里德里希,《橡树林中的修道院》，1809—1810 年，布面油画。

《丁登修道院》，1807 年，版画，水彩上色。

在重现人类早期的历史：

因为那时的自然（我孩提时代粗野的愉快的
动物般的举动都已消逝）于我来说
就是一切——我无法描画当年的自己。
瀑布的轰鸣萦绕在我耳畔，像一种情欲。

他将此与晚年更为人文主义的欣赏进行了对比：

我已经学会了在看待自然之时，不再似
不动头脑的青年时代；反而经常听得到
人性低柔而悲伤的乐声，不粗厉也不刺耳，
却有足够的力量令人反省，令人克制。[13]

修道院的命运是对人类暴力行为的提醒，而大自然已经重新宣示主权，将这里再次变成了避难之所和沉思之地。这是一座鬼魂萦绕的废墟，其哥特式特征被掩盖在了一种宁静超然的基调之下。

北方的哥特风格画家延续了克劳德描绘废墟的传统，经常以黑暗森林为背景，展示被人类废弃的建筑的最终命运。遗迹不再主要是神庙和凯旋门，而是史前立石、教堂、城堡、坟墓和纪念碑。它们往往不仅受到自然进程的影响，还受到历史暴力的影响。

普鲁士的卡斯帕·大卫·弗里德里希画出了扭曲而拥挤的树木，树干和树枝上多节瘤，仿佛在挣扎求生。他擅长描绘废弃的教堂，与克劳德画中的神庙不同的是，这些教堂不是简单地闲置着，而是至少有部分毁于现代早期的宗教战争中。弗里德里希是一名虔诚的路德派教徒，在一个宗教怀疑越来越严重的时代，他肯定已经看到，或者至少感受到了，前人们废弃的神庙与他自己时代废弃的教堂之间的关系。关于基督教遗址的绘画是纪念一个宗教的一种方式，这个宗教似乎正在衰落，但同时又在延续着甚至扩大了它的影响。

时光之轮

英国评论家约翰·拉斯金对哥特艺术有着截然不同的看法。他热爱哥特式建筑复杂的装饰，在他看来，这是一种自由的艺术，与新古典主义建筑更公式化的模式形成了对比。拉斯金认为，哥特式艺术是不可预测的，通常是怪诞的，接近自然世界。哥特式艺术的第一个特点是“野蛮”，这个词通常有着轻蔑的意味，但在拉斯金的语境中，它暗示了工匠对自然元素的熟悉。哥特式艺术的特点不是恐惧，而是勃勃生机，“大教堂的正面最终消失在花饰窗格的织锦中，就如同一块石头藏身于春天的灌木丛和牧草中”。[14]

然而，拉斯金所描述的并不是我们通常认为的哥特式建筑。它没有引起恐惧，反而既有趣又令人敬畏。他称庚斯博罗的画是“极致的哥特式”[15]，然而今天通常认为庚斯博罗是英式洛可可风格。这两种风格辩证地结合到了一起，拉斯金的行文中也蕴含着某种类似洛可可艺术的东西。

古典森林，顾名思义，主要受到了希腊罗马文化的启发，但洛可森林和哥特森林则基于《圣经》中亚当和夏娃在伊甸园的故事。洛可可森林代表着堕落前的伊甸园。自然是良性的，人类的统治是毫不费力的，性是没有羞耻和罪恶感的。哥特森林则与之相反，描绘了手持火焰剑的天使将亚当和夏娃赶出伊甸园之后的堕落的世界。但这两种风格的区别基本上是侧重点不同而已。

哥特风格和洛可可风格看似对立，但它们都主要以植物模式为基础。两者都暗示了一种万物有灵论的形式，因为植物形态似乎经常具有几近人类的情绪和意志。这两种风格是互补的。正如我们所见，洛可可绘画通常在杂草丛生的花园中包含哥特式元素，尤其是在背景中经常有令人生畏的树木的黑暗轮廓。而哥特式大教堂中则包含一种原洛可可元素，比如装饰在大教堂正面和墙壁上的顽皮怪物和绿人。

10 原始森林

耶和华神在东方的伊甸立了一个园子，把所造的人安置在那里。耶和华神使各样的树从地里长出来，可以悦人的眼目，其上的果子好作食物。园子当中又有生命树和分别善恶的树。

——《创世记》2：8—9

如今我们知道，美洲森林生长和衰退的基本模式与欧洲没有很大不同。在拉丁美洲，玛雅和印加等伟大文明的废弃城市被丛林取代。位于现在新墨西哥州的查科峡谷的城市也是如此，不过它是被沙漠取代了。另一个是伊利诺伊州的卡霍基亚市，该市人口曾与同时代欧洲最大的城市相当，但到了公元 1300 年已经被森林和草原取代。早期到北美的欧洲来客对这些城市中心知之甚少或一无所知。

最初航行到北美海岸的欧洲人缺乏能准确描述他们所看到的东西的概念工具。而且他们通常忙于实际劳作，没有时间在文学和科学研究上投入太多精力。因此，他们将看到的东西等同于欧洲神话或历史中的片段。许多探险家，包括克里斯托弗・哥伦布、约翰・史密斯和亨利・哈德逊的船员塞缪尔・珀切斯，都称看到过美人鱼。[1] 响尾蛇被认为是蛇怪巴西利斯克。巴西利斯克是一种能催眠猎物的怪物，有些说法称它只需看一眼猎物就能杀死对方。[2]

美洲的大地景观被等同于欧洲神话中的景观。亨利・沃兹沃斯・朗费罗知名的史诗《伊万杰林：阿卡迪亚的传说》是如此开篇的：

这是原始的森林。
松树与铁杉低语声声，
青苔仿如胡须，身穿绿色华服，
在暮色中模糊不清耸立着，
像古时候的德鲁依，声音中有悲戚，
充满预言……

阿卡迪亚是法国的一片殖民地，包括现在的加拿大新斯科舍省、新不伦瑞克省和爱德华王子岛省。但在这里，遥远的北美的历史变成了“凯尔特的黄昏”。而当朗费罗写出“茅草屋顶的村庄，阿卡迪亚农民的家园”[3]，它又转化为一种农业田园的理想。

威廉·柯伦·布赖恩特在他的诗《森林赞歌》的开头提到了塔西佗的主张，即早期日耳曼人不是在神庙中进行崇拜活动，而是在森林中：

树林是神最初的庙宇。
在人类还没有学会凿竖井和架楣梁，
并在上面铺上屋顶时，——在他们还
不会搭建崇高的拱顶，收集和演奏
赞美诗的声音时；在黑暗的树林中，
在凉爽和寂静中，他跪了下来，
向非凡的神献上最诚挚的感谢和祈求。[4]

关于这片新发现的大陆有许多神话般的概念，但几乎所有的概念都以某种方式等同于欧洲人对世界原始状态的某种概念，如伊甸园，又如荒凉的荒野。

将美洲与欧洲的过去等同起来，意味着要将美洲原住民对环境的贡献最小化，他们被视为属于自然领域，而非文明领域。殖民者将印第安人的数量降至最低，并将他们的文化贬低为“野蛮的”“原始的”。在许多方面，欧洲人对美洲原住民的看法与他们对克劳德画中的农民或萨尔瓦多画中的强盗的看法相似。所有这些人物形象都被认为具有原始的生命力。区别之处在于，印第安人与土匪和农民不同，不仅被排除在权威位置之外，而且也被排除在他们土地的历史之外。

事实上，根据目前的估计，在哥伦布到来之前，美洲至少有4300万到6500万印第安人，一些学者认为数字还要高出相当多。[5] 美洲原住民应该是通过可控地烧掉林地来管理土地面貌。即使是森林，也有开阔的如同公园的外观。[6] 林中还有大片的空地，包括草地。这种外观，加上丰富的动物生活，会令人联想到《圣经》中的乐园，而“新世界”也被称为“新伊甸园”。这种森林与皇家和贵族公园的相似之处可能也促成了清教徒的想法，认为美洲原住民过着无所事事的生活。

在欧洲人到来之前，现在美国东北部的几乎所有美洲原住民都生活在被农田包围的村庄里，他们种植玉米和其他作物。居住在规模比

W.H. 巴特利特，《森林中的小屋》，19世纪中期，版画，水彩上色。疾病大大减少了美洲原住民的数量，迫使他们从村庄搬到狭小、孤立的社区，后来殖民者认为这便是他们的传统生活方式。

较大、人群比较拥挤的定居点中的原住民极为容易感染传染病，因此社区规模开始变小，人们也开始搬到更偏远的位置，以至于在欧洲人看来他们越来越不“文明”。随着原住民被疾病的浪潮吞噬，他们再也无法管理森林了。此外，来自殖民者的压力也阻止他们毁掉森林。到18世纪中叶，北美的森林变得比过去茂密、黑暗，在一些地方，森林面积超过了之前一千年中的所有时候。[7]原住民社区——特别是在美洲的——被破坏，以及随之而来的森林再生，可能促成了全球变冷，即我们现在所称的小冰期。[8]

前哥伦布时期，北美的火灾很频繁，但几乎不会造成损失。火在森林中快速穿过，但没有伤害到成熟健康的树木，而是消耗掉灌木丛，并释放养分。一些本土树木，如巨杉和北美短叶松，甚至需要火来释放它们的种子。欧洲殖民化后，火灾变得没有那么频繁，但火势却大得多。火势渐长依靠的是堆积的死亡物质，其中经常包括伐木工人丢弃的大量木材。欧洲人把林地变成了一片长期萦绕在他们想象中的恐怖而原始的森林。所有这一切都发生得非常快，以至于殖民定居者没有意识到前后关系，截然相反的森林图像被混为一谈。一个场景基本上既可以是乐园，也可以是荒凉的荒野，就像美洲原住民既可以是“高贵但未开化的人”，也可以是“野蛮人”。负面形象很快占据了主导地位。17世纪初，马萨诸塞湾殖民地首任总督约翰·温斯罗普有一个说法广为人知，他称新大陆为“一片可怕而荒凉的荒野，那里除了野兽和野兽般的人之外什么都没有”。[9]清除一片树林，用栅栏围起来，把土地拿来种庄稼，是在推进文明。森林是魔鬼的领地。早期的欧洲殖民者不仅感到自己被森林包围，而且他们心中还有着挥之不去的恐惧，担心自己在这样的环境中会屈服于野蛮。

但是恐怖并不完全是一种负面情绪，尤其是对浪漫主义者来说。18世纪中期，埃德蒙·伯克提出恐怖是崇高的基础。[10]这种情感是对美洲广袤大地以及大地上古老的树木、强烈的反差和辽阔的地平线的赞美。随着时间的推移和其他情感的融合，这种恐怖成为美国风景画的基础。它被引导远离了邪恶的力量，成为大自然甚至神本身的伟大高贵。正如芭芭拉·诺瓦克所说：“古老的崇高是绅士的专利，是贵族的浪漫思想的映像。”人们需要相当的安全感和舒适感才能沉浸在对暴风雨、火山爆发和陡峭悬崖的间接享受中。她还说：“基督教化的崇高更容易为每个人接受，更民主，甚至更资产阶级。”[11]

以克劳德、萨尔瓦多和弗里德里希为代表的17—19世纪欧洲风景画家在许多方面与他们的美洲同行——如哈得孙河画派的画家——没有太大的不同。他们都描绘了文明化和野蛮化的模式中大致相同的节点，但他们是从相反的轨迹这样做的。欧洲人展示了荒野被逐渐侵蚀，而美洲人描绘了对野生景观的征服。两个地方的画家在进行创作时带着类似的矛盾心理。正如残破的城堡、神庙或教堂象征着欧洲景观的易变性一样，新伐的树桩或铁轨则象征着美洲景观的易变性。欧洲人恐惧但往往又暗暗渴望能回到某种原始状态。美洲人则担心他们视为遗产的森林和其他景观会遭到彻底破坏。

约翰·缪尔在20世纪初写道：“美国的森林……一定令上帝非常喜悦，因为这是他植下的最好的森林。整个大陆是一个园子，从造物

约翰·加斯特，《美国进步》，1872年，布面油画。对于这位画家和他同时代的几乎所有人来说，美国向西部的扩张是进步的代名词。在这个场景中，它带来了农业、电报杆和铁路，同时赶走印第安人和野牛。

之初它似乎就比世界上所有其他野生园地和花园都更受青睐。”[12] 诗人们经常把美国的森林比作原始的伊甸园，或是像朗费罗和布赖恩特那样比作礼拜场所。问题是，这些隐喻将森林提升到了超越正常生活的世俗模式的层次，而没有为人们如何与森林共存提供指导。如果它们是伊甸园，这是否意味着人们不需要在里面工作？如果它们是神庙或大教堂，这是否意味着人们只能出于崇拜性沉思的目的进入其中？在一个将身份认同建立在向西扩张基础上的国家，这样的类比只会令人丧失行动力或陷入伤感。

政府积极鼓励向西扩张，如果不大力砍伐森林，西进在许多地区是无法实现的，但人们希望能留出一些原始森林区域，以保护原始伊甸园中的一些东西，就像博物馆里的展览品一样。有些独特的景观因其引人注目的特征脱颖而出，如高山、广阔的峡谷和特别高大的树木。即使是五大湖地区的松树林似乎也不足够令人震撼。此外，景观被改变得好像人们既定概念中的原始荒野。留出区域保持未开发的状态是一个重要的想法，但这些区域的选择是基于一种很受限的美学，对宏伟的强调胜过对环境意义或更微妙的美的关注。

尼亚加拉瀑布在殖民时代早期就已经被公认为“自然奇观”，并吸引大批游客。在这幅 1844 年的水彩上色版画中（根据兰根海姆拍摄的银版照相相片创作），欧洲人对景观的贡献没有被强调，而后来人们还试图将它们几乎完全隐藏起来。

加利福尼亚巨型针叶树明信片，约 20 世纪 50 年代。1890 年，美国总统本杰明·哈里森签署立法建立第二个国家公园，保护巨杉和红杉。但是，正如这张明信片所示，这些树的地位并不总是能保护它们免受商业剥削。

尼亚加拉瀑布自被发现以来，美国人和加拿大人都认为这是他们最伟大的自然奇观，但到了 19 世纪 60 年代时，它看似已经失去了大部分辉煌。水量越来越少，因为大部分水资源被转用于为作坊和工厂提供能源。附近建起了一些城市建筑和其他文明设施，而有些已经年久失修。19 世纪 70 年代末，由景观设计师弗雷德里克·劳·奥姆斯特德和卡尔弗特·沃克斯领导的一个团队受纽约州委托，起草了一份恢复尼亚加拉瀑布昔日荣光的计划。

瀑布外观的每个细节都经过精心处理。瀑布周围的建筑被拆除或遮挡。不引人注目的步道和马车道旨在令景点能容纳大量游客，而不会显得过于拥挤。公司被要求在旅游季节不得转移水源，水流被巧妙地控制，以增加景观的可看性。[13] 直到今天，荒野的印象全都是通过精心设计的人工技巧来维持的。

约塞米蒂山谷是美国第一个国家所有的公园，于 1864 年被政府纳入保护名单。但是为了维持这里的景观是原始的这一印象，政府不得不征用早期定居者的农场，并将整个村庄夷为平地，只保留了教堂。[14]

托马斯·科尔,《伊甸园》,布面油画,1828 年。画家们按照美洲本土的景观想象出了圣经中的乐园。

当黄石公园在 1872 年成为全球第一个国家公园时,具有欺骗性的操作就更严重了。为了维持这片区域是原始状态的假象,政府不仅禁止在那里居住了几千年的原住民继续居住下去,而且还告诉人们他们是被间歇泉吓跑的,以试图抹杀关于他们存在的任何记忆。[15]

“原始”景观是在欧洲人到来之前的样子吗?还是在美洲印第安人到来之前?又或者是出现于冰河时代结束时?这一点几乎没有具体说明。事实上,这样的景观只存在于神话时代。这是《圣经》创世叙事中原始景观的世俗化。亚当和夏娃最初被安置在伊甸园,但由于犯下了罪,他们被驱逐到荒野。原始景观的概念是伊甸园和荒野。它肥沃、滋养万物、美丽怡人。它既危险又令人生畏。人们带着许多矛盾的期望到访,而这些期望可能只能通过艺术才能实现,而且只能是短暂地实现。

帝国的进程

在 19 世纪初期至中期，与欧洲的文化大都会相比，美国的艺术和文学仍然以褊狭的地方主义著称。第一批获得国际声誉的美国艺术家即现在广为人知的哈得孙河画派，托马斯·科尔是其中翘楚。19 世纪初，他出生在英国，年轻时移民到美国，以打零工为生，最终定居在纽约州的卡茨基尔。他自学绘画，专攻展现哈得孙河谷独特风貌的风景画。像其他雄心勃勃的艺术家一样，科尔出发前往欧洲壮游，这种壮游行程会特别关注那不勒斯和罗马的古迹。科尔对克劳德和萨尔瓦多等艺术家的作品了如指掌，并且偶尔会模仿他们的风格。他曾在艺术家聚居区停留，见过 J.M.W. 透纳、约翰·康斯特布尔和约翰·马丁等同时代的大师。与同时代的大多数美国人一样，科尔对欧洲风景充满渴望，那里的每一条河流、每一座山都有各自的传说。在他看来，美国的景观欠缺这样的传说，对此的补偿便是原始野性。他没想到要考虑美洲原住民的故事，其实那些故事也许能赋予卡茨基尔山丰富的联想，就像罗马或那不勒斯的景观能带来的联想一般。

科尔在 1841 年发表了一篇名为《美国风景随笔》的作品，这一文章后来成为哈得孙河画派的一份宣言。在其中，科尔将欧洲（尤其是意大利）的风景与美国的风景进行了比较。从罗马边缘的一座山上看到的景色会激发人们“对传奇往昔的浩瀚联想”。他将这与美国的场景进行了对比，在他看来，美国没有人类的过去，而只有未来，他补充说，“伟大的事业将在人迹罕至的荒野中完成；尚未出生的诗人将使土地神圣”。这是天定命运论的说辞，是对美国注定要将其领土从大西洋扩展到太平洋并建立一个伟大帝国的欣喜若狂的期望。但科尔真的相信这一点吗？他立即补充了一个非常严肃的限定条件，几乎完全否定了这个想法。他哀叹，随着森林被砍伐，美国的风景正在消逝，他说：“最引人注目的风景往往因自认为文明的人几乎不可理喻的肆意和野蛮而变得荒凉。”[16]

这种矛盾在 19 世纪注重环保的美国作家和艺术家中几乎是普遍存在的。他们之中最热情的保护主义者会因原始景观遭到破坏而哀叹连连，而几乎与此同时，他们也会对随后建立的定居点激情讴歌。亨利·戴维·梭罗在他的随笔《行走》中写道:“如今，几乎所有所谓的人类改进，如建造房屋、砍伐森林和所有大树，都只是改变了景观，使其变得更加驯服和廉价。”几页后，他又写了一首献给西进运动的诗，其中赞许地引用了这样一句话:“帝国之星向西而行。”[17]

科尔和梭罗都没有建议减缓向西扩张的步伐。没有人试图拖延西进，也没有人试图去认真监管它。不知何故，他们和他们同时代的人不愿意或不能完全承认大规模砍伐森林和新定居点之间的必然联系。就科尔而言，我们可以从他的绘画中部分理解他身上的这种矛盾。他的画作大多是挽歌。科尔试图在美国森林的壮丽消失前——也许是永远消失前——记录下它们。画上的树桩可以看作是一棵树的缺失，同样也可以看作是对一座建筑的预言。

《帝国的历程》被广泛地认为是他的代表作。画作展示了一幅综合了美国和欧洲观点的历史全景图。这个系列画作描绘了一种循环观点，其大致轮廓与维科的观点虽然并不完全相同，但十分接近，这种相似性可能是由于直接影响，也可能是趋同。五幅画展现的是基本相同的位置，但在一天中的不同时间，对应于人类的不同时代。科尔兼收并蓄地使用了美洲印第安人、古代英国、希腊和罗马等多种文明的母题。

第一幅画以黎明为背景，名为《野蛮之国》。这些人似乎是美洲原住民，科尔认为他们特别原始。一个围着兽皮缠腰的男人拿着弓箭，追赶一只正跳过小溪的雄鹿。在画面中间，一支穿着相似的大型狩猎队正进入一片茂密的灌木丛。最右边是一圈围着一团大火的棚屋。阳光照亮了一半的天空和背景中的一座山，但右边的天空是黑暗阴沉的。

第二幅画以清晨为背景，名为《田园牧歌之国》。大部分人物似乎是希腊人或罗马人，不过在画作中心偏左的地方有一座类似巨石阵的神庙。森林已经变成了一个长着牧草和树木的公园。在画面的正中央，一个小男孩正在放羊。在右下角，一位年长的哲学家正在用一根棍子在地上画画。在右边，一个女人平静地一边纺纱一边照看孩子。这是与克劳德所画的森林相似的古典森林，大致相当于维科所说的众

托马斯·科尔，《帝国的进程：野蛮之国》，约 1834 年，布面油画。

托马斯·科尔，《帝国的进程：田园牧歌之国》，约 1834 年，布面油画。

神时代。

第三幅画以正午为背景，名为《完满》。画中充斥着权力和繁荣的象征。一个统治者坐着大象拉的战车过桥。他很快就会从两个基座中间穿过，基座之上的金色雕像共举着一个月桂花环。这个统治者可能是当时的总统安德鲁·杰克逊，科尔认为他开启了一个军国主义和贪婪的时代。[18] 森林几乎完全消失了，不过在遥远的背景中可以看到残存的树木，这是对过去的一种略带威胁的提醒。除此之外的植物仅限于一些观赏植物。右边前景中，有一堵墙挡住了军国主义的盛况，墙的前面呈现的是一种洛可可风格的场景，孩子们在装饰性的喷泉旁嬉戏。这幅画大约相当于维科所说的英雄时代。

第四幅画以下午为背景，名为《毁灭》。太阳被乌云遮蔽。在右边，一场大火吞噬了一个巨大的神庙建筑群，人们正在逃命。中心偏左的桥已经坍塌。几个男人，其中大部分看起来像士兵，正在随意实施暴力，如强奸和纵火，但观者无法区分开对立的双方，场面似乎并

托马斯·科尔，《帝国的进程：完满》，约 1835—1836 年，布面油画。

托马斯·科尔,《帝国的进程：毁灭》, 1836 年，布面油画。

不是在呈现一场入侵。我认为科尔是在想象维苏威火山或类似火山爆发时的画面，画作呈现的是类似于庞贝或赫库兰尼姆那样的城镇的毁灭。这是维科所说的“人类时代”的顶峰。

最后一幅画以夜晚为背景，名为《荒凉》，大多数评论家认为这是系列中最好的一幅。画的中央是一轮宁静的月亮，看不见一个人。城市成为废墟，树木藤蔓将其覆盖，大自然重新获得主权。画的左侧有一根巨大的柱子，一只鹳鸟已经在上面筑巢。这幅画几乎可以说是克劳德画的，只不过没有矮小的人形。也许循环将再次开始，但画中没有幸存者。[19]这幅画展示了哥特森林正在转变为原始森林。也许这是对滥用自然的警告。但《荒凉》中的场景似乎很平静，以至于我们会怀疑人类的缺席可能是一件好事。

矛盾的是，在《荒凉》中对人类中心主义的否定令科尔转向了一种传统的基督教形式。在此之前，科尔认为神性是美国森林、山脉和河流的内在属性，以至于宗教表达很少需要象征或寓言。但是大地景观被践踏破坏，而上帝的内在性的观点被用来给沙文主义和贪婪服务。结果，在《帝国的进程》之后，在科尔生命的最后几年里，他从一个

托马斯·科尔，《帝国的进程：荒凉》，1836 年，布面油画。

主要描绘风景的画家变成了一个创作幻想和宗教艺术的人。他的下一个重要系列油画题为《生命的航程》，展示了一个人在天使引导的船上从童年到老年的经历。科尔于 1848 年去世，当时他正在创作《帝国的历程》的基督教续集《世界的十字架》，这系列画作的理念基础是文明和野蛮的循环可以通过信仰来超越。

用画家、版画家阿舍·杜兰德的话来说，哈得孙河画派的基本使命是“描绘自然在创世之时的样子”。[20] 随着美国东北部地区越来越广泛的耕种和定居，画家们就像伐木工人一样，开始向“更野”的土地进发。阿尔弗雷德·比尔斯泰特向西迁移，去画落基山脉。马丁·约翰逊·海德去巴西旅行，描绘那里的兰花和蜂鸟。弗雷德里克·埃德温·丘奇是科尔非正式的继承人，成为哈得孙河画派的领导人，他重走著名探险家亚历山大·洪堡的路线，开始描绘厄瓜多尔的热带雨林。

11　梦中的森林

我爱米老鼠胜过爱我认识的所有女人。

——沃尔特·迪士尼

没有什么比我童年时代的芝加哥更城市化了，那里有工厂、屠宰场、美术馆、摩天大楼、腐败政客和持续不断的抗议游行。没有什么比除了伊利诺伊州之外的其他地方更像农村的了，到处都是小小的村镇、大片大片的玉米地，以及田地和似乎一望无际的树木。城里人想到乡下的表亲时既鄙视又羡慕。乡下人无知狭隘，不思进取；但乡下人更接近社区、爱情和死亡。小时候，我父母会开车载着我穿过被我们称为南部的神秘土地，透过车窗向外望去，我会想象自己漫步穿越森林，经历种种冒险。我认为，树林会提供冒险。

如果你在一个没有道路和地标的森林，那么会发生什么呢？在我看来，似乎随时可能在任何地方死掉。即使对于成年人来说，森林中的空间和时间看起来也是与外面不同的。由于地平线是看不到的，我们唯一可以通过太阳知道的时间是中午太阳在头顶上的时候。手表的表盘仍然计时，但这些似乎越来越抽象，你可能会怀疑它们是否真能衡量任何东西。当然，如今我们会看手机，但它们只会提醒我们已经被忘记了的时间表。

树林中的空间似乎也会发生变化。你在任何方向都看不到远处，不断变化的声学特性令你很难通过声音来确定位置。传统方法无法准确调查森林，只能依靠卫星照片或增强型全球定位系统等尖端技术。一小片树林会让你感觉非常广阔，而一大片树林可能感觉很小。森林似乎是一个黑洞，是一种物理学家假想的时间和空间的不连续体，人们可以在空间和时间的一个点进入，然后在完全不同的点离开。

睡美人

很少有故事像《睡美人》这样与世界各地如此繁多的神话传说都有相似之处。这个故事的有些地方像希腊神话中的俄耳浦斯，他进入冥界，将心爱的欧律狄刻从死亡中拯救出来。P.L. 特拉弗斯写道："一个沉睡者，躲避在凡人的视线之外，等待着，直至时机成熟，这个想法一直都是民间文学热衷的——白雪公主沉睡在玻璃棺材中，布伦希尔德沉睡在火墙之后，查理曼沉睡在法国的心脏，亚瑟王沉睡在阿瓦隆岛，'红胡子'腓特烈沉睡在图林根的山下。"她继续列举了一长串类似的神话和民间传说，从爱尔兰的莪想到日耳曼的霍勒妈妈，林林总总。[1] 这个故事之所以具有如此强烈的神话共鸣，是因为它遵循了一种在自然世界中常见的模式。从熊到乌龟，许多动物都在冬天长眠。最特别的是，这个故事似乎受到了毛毛虫吐丝纺织作茧保护自己、休眠，变形然后化成蝴蝶这一过程的启发。

纺织的行为总是和时间的流逝密切联系。在希腊神话中，命运三女神中的第一个——忒弥斯，会为每一个凡人的生命纺出一根线。在德语中，表示纺纱的动词还有讲故事的意思，这是打发时间的主要方式，至少在电子媒体发明之前都是。在英语中，我们也会说"编故事"（spinning a tale）。手摇绕线杆的转动可以象征黄道带。在格林童话《野蔷薇》中，国王禁止纺纱的决定表达了阻止时间流逝的愿望。这个故事写作之时，技术创新主要集中在纺织品生产上，禁止纺纱就有点像是如今禁止使用互联网。但是，正如女主人公发现一个老妇人在一个隐秘的房间里纺纱时所展现出来的一般，无论我们承认与否，时间都在悄悄地继续。

纺纱对推动工业革命起了很大作用。中世纪末期，亚洲（也许是印度或中国）发明的纺车引进至欧洲，并在很大程度上取代了手摇绕线杆。1770 年，詹姆斯·哈格里夫斯注册了珍妮纺纱机的专利，实现了纺纱机械化，并促生了纺织工业的许多创新。文化和技术创新的速度变得令人生畏，并引发了大规模的怀旧浪潮。几乎所有的西方文化都微妙地弥漫着一种对过去某个时代模糊却又强烈的渴望，而那个时代其实是不确定的。《睡美人》或《野蔷薇》的故事表达的内容或许即将成为旅游业的陈词滥调，最相关的可能是美国音乐剧《蓬岛仙舞》，1947 年首次演出，1954 年被拍成电影。人们会在树林深处找到一个未被破坏的原始村庄，甚至可能会与林中居民坠入爱河、结婚并留下来。

《睡美人》已知的最早版本见于《佩塞森林》，这是 14 世纪中叶用法语写成的大型史诗，为亚瑟王传奇提供了背景故事。这一版本讲述了骑士特鲁瓦卢斯前往泽兰岛，并在那里与泽兰丁公主相爱。回到苏格兰的家中后，特鲁瓦卢斯得知泽兰丁陷入沉睡，无法被唤醒，便又回到泽兰岛，进入三位女神的神庙，三位女神分别是爱神维纳斯、生育女神鲁西娜和命运女神忒弥斯。他祈求维纳斯给予他指引。离开神庙后，他被神奇地传送到了一个房间，泽兰丁在其中沉睡着，没有穿衣服。他请求吻她，但是，她没有回答。维纳斯出现并告诉他，如果他和她做爱，泽兰丁会很高兴。他没有立即回应，维纳斯便嘲笑他没有男子气概。特鲁瓦卢斯最终按照维纳斯的要求做了。然后他交换了自己和泽兰丁的戒指，以示他来过这里。最后，特鲁瓦卢斯被一只巨鸟叼着从高塔上下来。

九个月后，泽兰丁产下一名男婴。婴儿寻找她的乳头想要喝奶，找到她的手指便吮吸了起来，结果吸出了一根刺，泽兰丁立刻醒了过来。泽兰丁的姑姑解释说，当泽兰丁出生时，她的父母按照习俗为她举办了一场盛宴，在宴会上，他们向女神们敬献礼物。命运女神忒弥斯对献给她的东西不满意，便对孩子下了诅咒，说她在纺纱时会被刺破手指，陷入沉睡，直到刺被吸出才能醒来。泽兰丁和特鲁瓦卢斯重聚并成婚，而他们的孩子贝努伊克，则被一只长着女人脸孔的大鸟叼走，开始了自己的冒险。他的血统将最终传到基督教骑士的典范兰斯洛特。[2]

虽然魔法森林的母题在《佩塞森林》的其他篇章中是重要元素，但泽兰丁睡觉的城堡并没有被树木或荆棘包围。在史诗中，泽兰是布列塔尼海岸附近的一个岛屿，延续着不合时宜的习俗。岛上仍然是彻底的多神教，主要是女性神，而当时布列塔尼本土已经接受了信仰至高无上的上帝的一神教，是基督教的一个前哨战。[3] 这个版本的《睡美人》故事是关于从异教到基督教的过渡，与之类似，后来的版本是关于从中世纪到现代的过渡。森林取代了海洋，成为城堡与外界隔离的屏障。

17 世纪初由詹巴蒂斯塔·巴西莱记录的一个版本以那不勒斯的宫廷为背景。小女孩名叫塔利亚，她的父亲听到一个预言，说她将被亚麻的碎片危及生命，因此他禁止王国里出现亚麻。然而，有一天，女孩看到一个老妇人在纺纱，摸了摸纺锤就失去了知觉。父亲认为塔利亚死了，就放弃了宫殿，将她留在一座塔里，这座塔被森林包围。一个国王在寻找丢失的猎鹰时发现了这里。[4] 与特鲁瓦卢斯和泽兰丁的故事不同，国王毫不客气地强奸了女孩，然后就忘记了她，但女孩生下了两个孩子，其中一个从她身上吸取亚麻碎片并唤醒了她。她后来与国王重逢并成为他的情妇，引发了另一系列事件，构成了一个不同的故事。

在 1697 年出版的由夏尔·佩罗所写的法文版中，正如标题《林中睡美人》所示，森林不仅仅是故事的一个背景，还是重要的组成部分。在这个版本中，父亲邀请了许多仙女来参加他刚出生的女儿的洗礼仪式，但一个没有被邀请的仙女也来了，她愤怒地诅咒女孩，说女孩会被纺锤刺破手指而死。一个善良的仙女无法解除诅咒，只能稍稍缓解，说女孩会陷入持续百年的沉睡。国王禁止国内使用甚至拥有纺锤，否则将被处以死刑。但是，当女孩长大后，她发现了一个秘密楼梯，通往高塔上的一个房间，一个老妇人正在其中纺线。女孩被纺锤迷住了，老妇人递给她，她立即刺到自己，失去了知觉。善良的仙女出现，她让宫殿里除了国王和王后之外的所有人都陷入沉睡。[5] 国王禁止任何人靠近宫殿，宫殿周围荆棘丛生，与树木交织成一堵巨大的墙。一百年后，一位王子听说了美丽公主的故事，前往城堡寻找她，他一走近，树木和荆棘自动分开了。他找到了公主的房间，公主立即醒来，不久之后，他们就结婚了。

《野蔷薇》

在格林兄弟 1856 年出版的《家庭故事集》的版本中，故事的开头是一对长期没有子女的国王和王后终于生下了一个女儿，取名为“野蔷薇”。他们举办盛宴庆祝，十二位充满智慧的女性为婴儿祈福，而第十三个则没有被邀请，她十分生气，愤怒地赶到现场，用诅咒打断了庆祝活动。她诅咒说孩子满十五岁时会被纺锤刺破手指死去。此时还有一位女性没有送上礼物，她见状便直接缓和了这一命运，称女孩不会死，而是会沉睡一百年。后来，为了避免诅咒，国王下令烧毁王国内的每一根纺锤。在十五岁生日那天，女孩发现了城堡里有一个秘密的房间，走进去发现一个老妇人在纺线。她碰到纺锤，然后按照预言被刺破手指，陷入沉睡。城堡里的其他人也都睡着了，从国王和王后到厨师和杂工，甚至风都停了下来。荆棘树篱生长，完全盖住了城堡。一年年过去，许多年轻人试图披荆斩棘，或想其他办法穿过树篱，但他们都被荆棘缠住然后死去。最后，一个听说过这个故事的年轻王子决心找到进入城堡的路。与佩罗的版本中一样，他走到树篱前，树篱便自动打开，他走进去之后便在他身后关闭。他找到公主的房间，亲吻了她，公主和城堡里的其他人都立即醒了过来。[6]

在这里，森林满足了沉睡女孩的需求。它会在她需要的时候出现，因为城堡的其他人都陷入了沉睡。它阻止错误的追求者，让被选中的人进来，然后当不再需要它的服务时便消失了。当代读者会批评女主人公过于被动，但野蔷薇是与森林融为一体的，她成为一种自然力量，直到准备好扮演一个成年人的角色。

荆棘树篱让人联想到城堡的墙壁，事实上，这可能是这一母题的起源。追溯到古代，北欧的树木被刻意修剪和训练，创造出几乎无法穿透的屏障。在德语中，这被称为 Wehrwald，字面意思是“防护林”。根据尤利乌斯 · 恺撒的描述，内尔维部落（位于如今的法国境内）采用的便是这种防御模式。小树被修剪或去顶（在树冠下方截掉），这样许多侧枝就会伸展开来，在树下面种植带刺的灌木，让它们纠结交织，形成一道无法穿越的屏障。在莱茵兰和日耳曼的其他地区，树枝

安妮·安德森，“奥罗拉被女巫的纺锤刺破了手指”，为格林兄弟的《野蔷薇，又名睡美人》所作插画，约1930年。纺车是时间的象征。这个故事是关于停止时间的尝试，因为工业革命期间的变化速度令时间的流逝变得十分恐怖。触摸纺车意味着告别童年没有时间感的世界，并意识到死亡。

被压到土里，枝条就会生根，最终长成一片格外茂密的灌木林。以这种方式建造的巨大屏障保护了中世纪的西里西亚。还有一个巨大的树篱屏障位于波恩城周围。在中世纪晚期的俄罗斯，抵御入侵者的屏障由伐倒的树木、沟渠、长矛和成堆的泥土共同组成。其中一些防御结构持续发挥作用直至 17 世纪，因此，佩罗应该对这种树篱十分熟悉。它们的优势在于不仅可以保护定居点免受攻击，甚至还可以阻挡视线，令其不被外面的人看到。[7] 除了像故事中的高耸塔楼之外，其他的建筑几乎都看不到了。这种防护林可能促使了哥特森林定型为黑暗、茂密、充满神秘形象的特征。

野蔷薇的故事遵循了一个可能在许多领域都能找到的原型模式。在森林树冠层阻挡住阳光时，一些树木，如山毛榉，就像女主人公一样，可以保持休眠状态，一直存活但不会大幅生长，长达几十年甚至上百年。然后，当一两棵老树倒下，树冠出现空隙，它们会迅速蹿起来填补缺口。对一般人来说，至少对处于西方文化中的人来说，青春期是对爱情、冒险、荣耀和许多其他事情抱有期待的时候。在幻想稍微消退之前，男孩或女孩可能还没有准备好承担成年的责任。

迪士尼森林

巴伐利亚王国在奥地利与普鲁士的战争中与奥地利结盟，战事不利时，路德维希二世国王退出了国家事务，几乎成了一个隐士，并对在森林中建造宫殿倾注全部精力。这些林中城堡包括集中模仿法国路易十五宫廷洛可可风格的林德霍夫城堡，以及意图复制凡尔赛宫但规模还要稍大一点、最后并未完工的赫尔伦基姆泽宫。其中最著名的是新天鹅堡，这是一座新哥特式宫殿，由墙壁上描绘的理查德 · 瓦格纳歌剧中的场景而成为圣地。1886 年，路德维希被他的大臣们宣布为精神失常，不久后溺死，情况十分神秘，原因可能是谋杀、自杀或意外。

很少有建筑像新天鹅堡一样与周围环境完全融为一体。它的石头墙面与所坐落的岩石悬崖连成一片。与大多数宫殿不同的是，它完全不对称，而且混合了哥特、罗马和洛可可多种风格，形成了一种全新的有机体。文艺复兴和新古典主义宫殿通常以水平线为基础。新天鹅堡以垂直线为基础，人们的视线会流连于高高的塔楼顶端。这些塔依次重复了周围树林中和远处山上云杉树的形态。而由于缺乏对称性，每座塔都显得独一无二，进而激发出观者的好奇心。在这些塔楼中，有一座远远高于其他所有塔楼，暗示着君主的崇高地位。

但是森林本身并不是很自然。这是一片云杉林，从中世纪后期开始，由于对木材的需求，原本的混合林被过度开发，然后种植了这些云杉以替代。这个地方迎合了当时在日耳曼地区非常流行的哥特森林的浪漫理念，但与原始的日耳曼林地的真实情况几乎没有关系。这种造林反映了启蒙运动的价值观，如对称性、一致性和可预测性。但是，对于那些不熟悉历史的人来说，这些森林似乎就是一种原始遗产。[8] 城堡是为了路德维希个人享乐而建造的，但是，在他死后不久，这里便对公众开放，成为一个主题公园。

新天鹅堡后来成为迪士尼乐园中睡美人城堡的原型。迪士尼乐园于 1955 年在美国加利福尼亚州的阿纳海姆开业。[9] 迪士尼工作室将继续在奥兰多、巴黎、东京、中国香港和上海开设类似的主题公园，每个公园的中心都是一座受新天鹅堡灵感启发的城堡，呈不对称形状，

巴伐利亚的新天鹅堡。

加利福尼亚州阿纳海姆迪士尼乐园的睡美人城堡。

有多个塔楼。就像在新天鹅堡一样，在每一座迪士尼城堡里也都有一座塔楼高过其他所有塔楼。在阿纳海姆的迪士尼乐园，最高的那个塔楼不是睡美人的房间，而是长发公主的房间，不过迪士尼公主在许多方面是可以互换的。公主们与她们身边始终围绕着的森林一样，既是商品，反映了启蒙运动的传统，也是自然的化身，反映了浪漫主义的传统。

迪士尼和路德维希有一个共同点，那就是对王权的痴迷，更宽泛地说，是对理想化的封建秩序的痴迷。路德维希不仅是一位真正的国王，还是维特尔斯巴赫家族的后裔，这个家族的历史至少可以追溯到12 世纪。然而，他对自己的祖先并不感兴趣。他对法国的路易十四更加痴迷，路易十四是绝对集权君主的典范。路德维希是一个立宪制君主，但他拥有的权力是相当大的，不过他看起来并不在乎。他乐此不疲地沉迷于中世纪的魅力和华丽，但只是将其视为一种精心设计的幻想，一种任何现实都无法与之媲美的幻想。

至于迪士尼，它最著名的那些电影中的主人公大多数都是公主。她们生活在宫廷中，至少在没有被劫持时是如此。她们得到了国王、王后与王子的支持扶助，由仆人服侍着。在将安徒生知名童话故事改编为电影时，迪士尼甚至让小美人鱼变成了公主，是海王特里同的女儿。如前所述，主题公园的主要景点是童话城堡。皇室的权威怎么使用都不算滥用，只有恶棍才敢挑战。

有人可能会认为，这种对皇室的痴迷在美国不会受到欢迎，因为美国是一个建立在拒绝君主制和贵族制基础上的国家，但迪士尼利用了美国人对皇室魅力和华丽的怀旧情绪。诀窍是将君主制的理念民主化。在美国，每个女孩都可以是公主。真爱可以让任何一对夫妻成为国王和王后。迪士尼还利用了路德维希为自己建造巨型宫殿时隐含的一种唯我主义。据说，路易十四曾说“我就是国家”，但真正将此付诸实践的是路德维希，而这与美国文化中的自恋元素产生了共鸣。

洛可可风格是所有这些宫殿中占主导地位的设计风格，它比其他任何风格都更具皇家风范。在西方，所有其他艺术运动在宫廷方面的集中呈现，都不及路易十五宫廷中的洛可可风格。皇室和贵族的特权只要身处于洛可可风格的环境中便能体会到，因此不再需要咄咄逼人的表达方式。就像路德维希和迪士尼的城堡一样，这在很大程度上是一个由玩乐精神统治的幻想世界。

前面写的这些内容会令迪士尼和路德维希听起来都像是不可救药的怪人。那我就替他们稍稍辩护一下吧，我想说他们二人在许多方面都是真正的艺术家。那些在迪士尼工作室工作的人研究过许多古代的绘画艺术、建筑和室内设计大师的作品。迪士尼雇用的人员包括凯·尼尔森和玛丽·布莱尔等杰出的插画家。迪士尼电影中的动画之美至今仍然广受赞誉，即使是对影片传达的一些信息持严重保留意见的人也依然称赞它的美学。至于路德维希，与他同时代的实业家（有些人甚至比路德维希富有得多）委托创作的哥特式愚蠢作品都被遗忘很久之后，他缔造的艺术仍然吸引着人们。

现实和梦

野蔷薇睡觉的时候是不做梦的吗？还是她做了一百年的梦？沃尔特·迪士尼似乎认为是后一种情况，因为他把她的城堡设置在了被称为幻想世界的地方——最早的阿纳海姆主题公园的中心位置。也许这就是迪士尼察觉到的童话公主和路德维希之间的联系。巴伐利亚国王不仅是一个伟大的梦想家，而且是一个永远长不大的孩子。他建造了一个摩尔风格的亭子和一个中国风格的亭子，这样他便可以分别在其间假装自己是苏丹或亚洲皇帝。他像一个小男孩一样，以自我为中心，喜怒无常，沉迷于玩耍。

与路德维希相似，迪士尼创造了梦想，但与路德维希不同的是，迪士尼将梦想市场化。正如路德维希建造了专门的房间，用陈设和壁画来展现瓦格纳歌剧场景一样，迪士尼在他的宫殿里摆满了展示睡美人故事和其他童话故事场景的立体布景。对迪士尼来说，森林不是美国遗产的一部分。在迪士尼乐园中，美国的形象以边疆的沙漠和草原为代表，这是其主题公园的另一部分，满是直接取自当时电影的布景，如酒吧。而在迪士尼卡通中，森林是欧洲的，而欧洲本身就是一个幻想世界，一片充满骑士、少女和龙的广袤森林。正如早期的欧洲探险家和殖民者在美洲的森林中看到了他们遥远的过去一样，美国人也在欧洲的森林中看到了他们的过去。

迪士尼对森林采取了折中的观点，融合了新洛可可和新哥特风格，同时又将两种风格从文化与历史中抽离出来。洛可可风格强调装饰、游戏和温和的色情；[10]哥特风格强调对巨大而扭曲的树木的钟爱。迪士尼的图像，近看基本上是洛可可风格的，展现了动物一起在树木之间的草地上嬉戏，甚至那些通常是捕食者与猎物关系的动物也在一起玩耍嬉戏；远观又大体是哥特式的，高大的树木掩映在岩石间，看起来几乎无法穿越。《小鹿斑比》《白雪公主和七个小矮人》《睡美人》《美女与野兽》《冰雪奇缘》……几乎所有迪士尼的动画电影中都有这样的形象。迪士尼森林在暴风雨时是哥特风格，太阳出来时就变成洛可可风格。在《睡美人》故事中，尤其是格林兄弟的版本中，迪士尼卡通中的森林似乎成了女主人公的延伸，表达着她或嬉戏或恐惧的种种情绪。

迪士尼制作《睡美人》动画电影是在阿纳海姆主题公园开放几年之后，影片以佩罗版本为基础。片中的城堡很像主题公园中的城堡，但更具哥特风格，有更多的塔楼和角楼。可能是为了避免主题公园的街道上摩肩接踵的游客们期待看到一位沉睡的公主，迪士尼对剧情做了一些改动。为了躲避邪恶的仙女玛琳菲森，三个善良的仙女将女孩奥罗拉带进了森林，而应该降临到女孩身上的沉睡则被转移到了城堡之上——城堡被休眠（不过不是一百年）。到了森林中的家园后，守护仙女们将女孩改名为野蔷薇。她在树林中的一块空地上唱了一首名为《从前有一个梦》的歌。有一位王子名叫菲利普，这是根据英国伊丽莎白二世女王配偶的名字命名的。王子顺着声音找到了她，他们坠入爱河。玛琳菲森来抓奥罗拉，她变成一条龙，王子用剑杀死了她，王国立刻苏醒了。森林是梦想的地方，而梦会成真。

但是，我小时候可从未听说过弗洛伊德或荣格，也不太喜欢迪士尼，我怎么会幻想自己在森林之中流浪漫游并永远生活在其中呢？而且我完全不懂该怎么找到食物。如果我真的试图去做这种事情了，又会发生什么呢？

12　从林法则

在那里，赤裸的身体，熊，狮，野猪，都生着女人的头

骑在马上，互相杀戮，互相吞吃。

——W. H. 奥登，《树林》

19 世纪 80 年代末，法国委派保罗·沃莱特上尉去勘探尼日尔和乍得湖之间的地区，以将其纳入法国的管控。沃莱特被选中，部分原因是他肆无忌惮，他的手段包括强奸、酷刑、残害和大规模杀戮。沃莱特会将村庄整个整个烧毁。他把年轻女孩的尸体挂在树上，将受害者的手斩下来收藏，并将头挂在长矛上。最终，沃莱特的上司无法忍受这种夸张的残忍行为，撤销他的指挥权。沃莱特告诉手下："我不再是法国人；我是一个黑人皇帝，比拿破仑更伟大。"不久之后，他被暗杀了。沃莱特可能是约瑟夫·康拉德的小说《黑暗之心》中库尔茨的原型。[1] 这个例子虽然极端，但同样非常典型，代表着可能只会发生在边疆地区的残酷事件，在这里指的是欧洲对非洲的殖民。

按照弗雷德里克·杰克逊·特纳发表于 1893 年的开创性文章《边疆在美国生活中的意义》中的观点，向西扩张的边疆是美国文化的决定性特征，是其不尊重既定权威、民主特质、个人主义和充沛能量的原因。他称美国的边疆为"野蛮与文明的交汇点"，并认为它使美国保持了一种原始的活力。原话是这样说的："这种永恒的新生显示出美国生活的流动性，这种带着新机遇的西进扩张，以及它与原始社会的纯朴性的不断融合，构成了主导美国性格的力量。"[2]

特纳夸大了美国边疆的独一无二，事实上，在很多方面，美国边疆都与罗马人在北欧的边疆、亚马孙人在巴西的边疆、俄罗斯人在中

亚的边疆存在着相似性。就此而言，它与西班牙、葡萄牙、英国和法国等国家殖民地的边疆也没有太大区别。在所有这些地方都存在着违法和暴力，也都很野蛮，尽管形式不一。边疆可能是原始活力的源泉，是能重新振兴文明的腐朽艺术，这种想法也并非美国独有，而是同样贯穿于当时的欧洲文化。边疆培养了大众对权力、圣洁、财富、色情、神圣选举等方面的幻想。在这些地方，新的神话会被创造出来，而过时的旧神话会被保存下来。这些地方为冒险家们提供了沉迷于仪式、宏伟和专制主义的机会，而这些在当时已经过时。边疆确实会产生破坏性能量，但这种能量通常会被导向支持当权者的利益。

特纳关于美国国民性格的想法本身在很多方面都是一种幻想，有点一厢情愿。美国人对权威并没有那么强烈的鄙夷之情，也没有太民主。特纳写作时正值现在所谓的“镀金时代”（大约 1870—1900 年），在那个时代，美国的收入不平等现象大幅加剧，范德比尔特、卡耐基、洛克菲勒和摩根等实业家拥有了传统贵族的所有特征，如巨大的豪宅、

埃曼纽尔·洛伊茨，《帝国的进程向西而行》，1862 年，固色壁画。这幅巨大的壁画（6.1 米 ×9.1 米）最初展示于美国众议院，美化了美国的边疆地区。

艺术收藏和排外的俱乐部。

西欧和北美的富裕国家将自己的领土与过去联系在一起。西方国家可能更舒适、更安全、更民主，甚至可以说内部更公正，但也越来越平淡无奇。殖民主义提供了可能性，令人们得以逃离现代生活中技术官僚的单调机械。其他欧洲君主也将殖民地视为自己仍可再现昔日盛况、权威和辉煌的地方。巴伐利亚的路德维希二世徒劳地想找到一块未遭破坏的领土，建立一个新的王国，并像圣杯国王一样以真正的威严进行统治。[3]

维多利亚拥有有史以来面积最广的领地，但她只获得了女王这个相对而言只能算中等级别的头衔。这似乎并不公平，于是在 1877 年，她得到了“印度女皇”的称号。但是，为什么她不能干脆改叫“不列颠女皇”呢？在逐渐走向更加民主的现代西方，这样的头衔听起来已经不合时宜了。对于同时代的欧洲人和北美人来说，这个新头衔有一种令人愉快的异国情调，但并不具有威胁性，但殖民地的边疆令这种不合时宜的浮华和仪式成为可能。

在工业化时期，欧洲和北美可能比之前或之后的任何其他文化都更迷恋过去。他们以几乎无穷无尽的方式，不断地绘画、调查、重构、描述、谴责、浪漫化和模仿过去。可奇怪的是，他们也认为自己通过进步令过去变得无关紧要。但他们对未来的愿景，无论是乌托邦还是反乌托邦，都是模糊的，远不如对逝去往昔的想象有趣。甚至这些都是——或者至少是基于——对据称存在于过去的理想化构建，从假定的中世纪的“信仰时代”到想象中的私有财产出现之前的社区都是如此。

随着欧洲人实现现代化并努力消除古老的神话，他们便将过去投射到了世界上遥远的地方。他们和欧洲裔美洲人都把高贵而残暴的“野蛮人”视为“原始人”，从根本上说是将其看作人类发展早期、已经不合时宜的东西。在许多方面，这扭曲了他们对新发现领土的看法，例如他们把猿误认为希腊罗马神话中的萨梯，将美洲原住民当作以色列的十大失落部落。在殖民地，古板的官员们可以尽情沉溺于华丽、壮观、英雄主义、宏伟、放荡甚至眩目的血腥场面，这在其他地方都已不合时宜。一个普通的英国人可以当自己是恺撒，或者至少是一个副手。他可以是征服波斯人的亚历山大，是屠杀迦南人的约书亚。欧洲人和欧洲裔美洲人把全球不同民族与过去的时代联系在一起。总的来说，中国人和其他东亚人被与中世纪联系在一起，而美洲原住民被认为是古代的希腊人、希伯来人和罗马人。去这些地方基本上意味着回到过去，不再受资产阶级道德的严格约束。

非洲则更加古老，是一片位于文明原始开端的奇迹之地。现代欧洲殖民主义是由对财富和权力的贪婪、无聊空虚和对冒险的渴望所驱动的。在 17 世纪到 19 世纪的欧洲，将四大洲寓言化为女性形象是很常见的。代表欧洲的女子会身着古典长袍，身边有一匹马——这是一种象征文明力量的家养动物，她的形象高贵又典雅。相比之下，代表非洲的女子几乎一丝不挂，陪伴她的是鳄鱼、狮子或蛇等野生动物。她可能戴着富有异国情调的头饰和珠宝，可能拿着一个丰饶之角。这个形象是在用性冒险和财富的承诺来吸引冒险者。[4]

1943 年 4 月，美国德士古石油公司的广告，描绘了第二次世界大战期间美国士兵在丛林中奋力前行的画面，会令人联想起许多早期美国西部拓荒者的形象。

亚德里安·科莱尔特，据梅尔滕·德·福斯画作创作，《非洲的寓言》，1580—1600 年，版画。

殖民者也在寻找某种原始的纯真和活力。现代欧洲人感觉到他们文化中存在一种空虚，他们试图用各种意识形态来抹去这种空虚，但通常不会取得太大成功。所有的一切，包括文化成就，似乎都受到虚无主义的影响。对于哲学家和诗人来说，这是 19 世纪末的普遍弊病。欧洲人和欧洲裔美洲人作为奴隶贩子和殖民者的行为，恰恰以最具体、最可怕的形式揭示了这种虚无主义。

奇迹之地

19 世纪初，欧洲人对撒哈拉以南、非洲的大部分地理环境一无所知。阿拉伯人、葡萄牙人以及其他一些人在海岸沿线有几个定居点用于贸易，但对于非洲内陆地区，甚至没有多少道听途说的逸事记载。在一份出版于 1813 年由约翰·汤普森绘制的地图上，有几乎占非洲大陆面积一半的内陆地区完全空白，并被标记为“未知区域”。[5] 在 1860

约翰·汤普森，非洲地图，1813年。大陆中心的一大片地区都是空白的，标识文字仅有“未知区域（unknown parts）”。

年出版的由约翰·兰金绘制的地图上，沿海地区已经被填充，但中部仍有一片巨大的空白区域，约占大陆面积的五分之一，其中没有定居点，几乎完全没有地理标志。[6] 非洲中部对于欧洲人来说就是一个谜，就像奥古斯都·恺撒时代的日耳曼于罗马一样。这是一片空白，人们可以将各种各样的恐惧和幻想投射其上。

广受欢迎的作家彼得·帕利在1854年出版了一本给青少年的历史和地理书，对与现代被称作中非的地区相邻的一片区域描述如下：

> 下几内亚有四个王国：卢安果、刚果、安哥拉和本格拉，这些国家的土壤基本非常肥沃丰产。当地人是一个劣等的、堕落的部落；所生活的区域由大自然用繁茂和美丽来装饰。

丛林中凶猛的蛇，1889 年，石版画。描绘蛇杀死一只白色的鸟，在这里白色的鸟是纯真的象征。非洲人因恐惧而无法行动，但白人殖民者不分青红皂白地向蛇开枪。

一丛丛郁金香、白百合、玫瑰和风信子散发的芬芳令空气馥郁，缤纷的色彩令眼睛入迷。而同时，如此仙境中还游荡着凶猛至极的动物。鳄鱼出没于河流中；巨蟒缠绕在树上，准备扑向猎物，之后将用身体将其箍住挤压至死；鹦鹉、孔雀和雉鸡的羽毛将树林装点得色彩斑斓。[7]

除了公然的种族主义，这段话中最突出的是极端的不准确性：郁金香、百合、玫瑰、风信子、巨蟒、孔雀和雉鸡都不是非洲的原生物种。除此之外，这段文字纯粹就是欧洲人和北美人对一个于他们来说完全神秘的地方的幻想。本质上，这是一场关于魔法森林的白日梦，只是鳄鱼取代了龙，当地人取代了森林精灵，就只差一个游侠骑士登场闯入了。

18 世纪末出现了一个新词以描述热带地区的森林——“丛林”（jungle）。像“森林”（forest）一样，它更多地是由联想而不是任何科学区分来定义的。在丛林中，植被茂密到几乎无法通行的程度，充满了来自捕食猛兽的危险。丛林这个概念可能受到但丁《地狱篇》中“黑暗森林”的影响，尤其是但丁发现前进的道路被一只豹子、一只狮子和一只贪婪的母狼挡住的情节。这不是对热带雨林的写实，事实上热带雨林和其他原始森林一样，森林地面的植被并没有茂密到阻碍通行。

“丛林”（jungle）一词源于梵语，指的是荒漠，是完全寸草不生的地方。它演变成印地语单词 jangal，意思是荒地或灌木丛生的地区。就这样，这个词的意思几乎颠倒了过来，“丛林”被渐渐用来指长满杂乱无序的植被的地区。[8] 在这样的地区生活的居民被称为 djangli，意思是“丛林中的人”或“野人”。[9]“荒野”（wilderness）曾经有类似的意思，现在几乎只适用于北半球的景观。它最终与《圣经》中的伊甸园联系在一起，表示一个原始的、自然的地区，以美丽和纯真为特征。“丛林”一词通过大英帝国进入英语，被用于描绘南半球的景观。它成为描述印度、拉丁美洲、印度尼西亚和非洲森林的首选词。这个词暗示了充满原始暴力和无序的地方，那样的地方只适合考验一个人的人性，或是去冒险捞金。[10]

欧洲之心

欧洲人把罗马灭亡后的几百年称为“黑暗时代”，同样，他们也把非洲称为“黑暗大陆”。在这两个说法中，“黑暗”一词都暗示着那些愚昧、暴力且粗鲁的人。但在约瑟夫·康拉德的中篇小说《黑暗之心》（首次出版于1899年）中，小说家兼水手的他将“黑暗”视为西方文明的一个特征。这本书更多写的是关于欧洲，而不是非洲；是一次内心之旅，而不是地理探索。在某些方面，这本书就像但丁的《地狱篇》，主人公像但丁一样，冒险来到地狱的中心——丛林，然后返回，不过他没有穿过炼狱进入天堂。一位名叫查尔斯·马洛的水手驾驶着一艘汽船逆流而上，前往非洲中部一个偏远的地区。到达之后，他遇到了退役上校库尔茨。库尔茨是比利时属刚果的代表，比利时从这里获取了大量象牙用于贸易。库尔茨住在一间小屋里，小屋周围树立着很多长矛，上面挂着被斩下的土著人的头颅。

马洛通常是作者康拉德的代言人，他非常明确地说明了沿着刚果河的旅程也是一次时间旅行。用他的话说：“溯河而上就像回到了世界最开端之时，那时大地上植被称霸，大树为王。溪流空旷，无边静寂，树林密不透风。”[11] 在另一个地方，他将自己的旅程比作必须驾船穿越高卢和不列颠的古罗马水手。他补充道：“征服大地，基本上就是说把大地从那些肤色不同或鼻子比我们略扁的人的手中抢过来，当你看得太多的时候，这并不是一件好事。”这种情绪在今天听起来可能很老套，但在他写作时可以说是非常大胆的。[12]

库尔茨是一个擅长雄辩之人，但他积累财富的方式是对土著居民毫无节制的暴行。他为一个名为“国际取缔野蛮习俗协会”的组织撰写了一篇论文。库尔茨写道，白人“在他们（野蛮人）看来必然具有超自然生物的特性——我们接近他们时带着神祇的力量”。他接着解说这种力量如何让白人“几乎无限度地行善事”。据说，从埃尔南·科尔特斯到詹姆斯·库克，许多殖民冒险家都被土著奉为神明。但也许库尔茨的希望落空了，因为他后来在空白处写道“消灭所有畜生”。[13]

当马洛找到库尔茨时，库尔茨已经病了，在被送上船准备回国后不久就死了。他的遗言是:“可怕！可怕！”[14] 马洛不仅认识到了库尔茨行为中令人毛骨悚然的残酷，还认识到了欧洲殖民主义的极度伪善。他总结说，欧洲人和所谓的“野蛮人”归根到底没有太大区别，在所有闪闪发光的词语下隐藏着被精心合理化的贪婪和杀戮欲。如果进一步探究，就会发现彻底的虚无。

意识到库尔茨反人类的罪行后，马洛的表现很奇怪，他选择继续带着钦佩甚至敬畏的眼光看待库尔茨。这尤为矛盾，因为他在库尔茨身上并没有看到任何同情或悔恨的痕迹。不过，这在心理学上是一个常见的现象。《圣经》中的约书亚、亚历山大、恺撒、查理曼、成吉思汗、伊凡雷帝、拿破仑、斯大林和希特勒等，尽管人们承认这些人对大量男女老少毫无必要的死亡负有责任，但仍然崇拜他们。而且矛盾的是，这些人所造成的巨大破坏，甚至是人们对其罪行的认知，反过来都会增强这种钦佩之情，因为这似乎把他们置于了一个不同于普通凡人的层次上。大罪成为伟人的标志，这是一种钦佩，可以且经常与恐惧甚至厌恶并存。正如马修·怀特在他对历代反人类罪行的广泛调查接近尾声时所言:“我发现的事情中最可怕的一件是，谋杀大量的人并不一定会使你成为坏人——至少，从历史的角度来看不会。”[15]

而且，在马洛和彻底的虚无主义之间只有库尔茨作为隔绝。完全否定库尔茨，便会对为殖民主义服务的共鸣理想产生怀疑，而马洛在智力或情感上都没有做好准备去应对这样的局面。他可以短暂地承认欧洲文明核心的腐败，但他不能持续意识到这一点。马洛不仅是库尔茨的另一个自我，也是康拉德本人的另一个自我。康拉德对非洲殖民化的谴责也仅限于此。尽管他的第二故乡英国是迄今为止最大的殖民帝国，但他仍然对其满腔忠心。

很久以后，汉娜·阿伦特在《艾希曼在耶路撒冷》中阐述著名的论点“平庸之恶”时也在竭力摆脱这种观点[16]，不过她仍然深深地受到“历史伟人理论”影响，无法得出连贯一致的结论。在艾希曼身上，她看到了一个负罪感很强但在她看来又不怎么在乎这种负罪感的人，这在阿伦特和与她同时代的人看来是矛盾的。但她并没有称那些伟人“平庸”，比方说，拿破仑，尽管他支撑自己的征服战争的论据也不过是对民族主义、启蒙运动和荣耀陈词滥调式的呼吁而已。她和马洛一样闪烁其词，我觉得很难责怪他们中的任何一个。从人道主义来看，刚果的灾难绝不是一个简单的知识问题。康拉德的故事很重要，因为它有助于引起公众对这一问题的关注，并将其留在集体记忆中。但是，从更大的视角来看，刚果的灾难就像犹太大屠杀一样，是对西方和世界传统的根本挑战，在我看来，一个孤立的个人是无法公正评判这种事件的，只能通过几代人的共同努力来解决。

对康拉德来说，丛林与其说是一个地理位置，不如说是虚无主义的实体化身。当时的森林与奇迹、骑士精神和经济效用有着强烈的联系，而丛林就其本质而言，还是一种可以被征服、被改造的东西。康拉德借助马洛之口说："植物长城，一个由繁茂而纠结的树干、枝杈、叶片、花结合花串组成的块垒，在月光下一动不动，就像无声的生命在暴动入侵，植物的波浪滚动、堆积起来，形成浪峰，随时可能冲过溪谷，将这渺小的每个小人物席卷而去。"[17] 康拉德自己曾是刚果河上一艘船的船长，写作时依据的是亲身的经历，但这一场景听起来不怎么像原始森林，更像是林地被砍伐后不久断枝、树干和新生树木的混合体。在非洲、美洲、印度等地，本土人口都因外来疾病、屠杀和对环境被大规模破坏而锐减。随着原住民定居点被废弃，居民曾经居住、美化、耕种过的树林变得比过去黑暗、密集、令人生畏，而欧洲人却误以为这才是它们的原始状态。

比属刚果是比利时利奥波德二世国王的私人受保护领地，而非国家财产。为了从象牙和橡胶中获利，他试图奴役几乎整个地区，据学者估计，这场奴役导致约 1000 万人死亡。这个数字可能略微偏高，因为其中包含了死于蓄意谋杀和（或）输入性疾病的人，以及由于出生率下降而未出生的人。但同时，它只包括在利奥波德拥有的刚果地区的人，如果加上邻近周边在法国和其他殖民国家领地死亡的人，这个数字会大得多，那些地方都使用了同样的剥削方法。[18]

尽管象牙和橡胶贸易造成了破坏，或者恰恰是因为这一原因，非洲代表文明出现之前的世界状况的观点在很长一段时间内甚至被传播得更广泛了。出版于 1909 年的一本介绍西奥多·罗斯福大型狩猎活动的美国青年读物称:“只有非洲仍然穿着它诞生于造物主之手时的服装——原住民仍然是野蛮人，并不比在森林中四处游荡寻找猎物的野兽强多少。”[19]

动物的纯真

在20世纪初的西方文学，尤其是儿童文学中，丛林变成了一个永远停留在时间之初的地方，在那里，杀戮是带着一种维多利亚式童真进行的。这也是19世纪末20世纪初欧洲和美国精英阶层热衷于大型狩猎活动的原因。他们进行游猎活动时会带着枪，身边有大量帮他们搬运行李的土著仆人随行。他们的使命是杀死动物，不是为了肉，而是为了科学或纪念品，在许多情况下，只是为了能创造出一个长长的受害者名单。猎物越多越好，越大越好。西奥多·罗斯福夸耀自己仅仅用了三个月就在东非杀死了42只大型动物，包括狮子、河马、长颈鹿、牛羚、水牛和一头大象。[20]据说当地人因此“几乎把他当作神”来崇拜。[21]

杀戮是在证明男子汉气概，但它没有实用目的或环境目的。事实上，杀戮的荣耀似乎就在于缺乏理由。它属于一个技术官僚统治社会之前的世界。在以充满钦慕的语气描述罗斯福杀死的大量猎物之后，这本书接着用轻蔑的说法讲到在一次乡村宴会上杀死两只羚羊的非洲人:“他们会像鬣狗一样用锋利的牙齿把它嚼碎,连骨头渣子都不放过。如此巨大的羚羊不常成为他们贪婪的胃的猎物。”[22]白种猎人成为一种自然的力量，不会受到其他地方必须遵守的社会限制和生物限制。他与土著居民的关系，正如书中所描述的那样，就像是中世纪狩猎保留地的领主与其领地内的农民一般。

事实上,这些位于非洲的欧洲人和美国人是在试图重温“人类的童年”。在鲁德亚德·吉卜林的《丛林之书》(首次出版于1894年)中，主人公毛格力是在印度丛林中被狼养大的。在埃德加·赖斯·巴勒斯的《人猿泰山》(首次出版于1912年)中,主人公泰山是由猿养大的。在回归文明之前，两者都是介于人类和动物之间的生物，它们兼具人和动物的优点——既有动物的纯真，也有人类的力量。他们支配其他动物，得到想要的东西，偏爱自己喜欢的动物，并以死亡惩罚任何不服从的迹象。在故事的语境中，这是他们作为人的权力，甚至可能是他们作为人的责任。然而，就像最终必须长大的孩子一样，两个人最终都必须加入或重新加入人类社会。

这是一个原始而天真的幻想，驱使许多探险家进入丛林。《人猿泰山》表达的白日梦在某些方面甚至与库尔茨的白日梦相似。当一个非洲黑人村庄搬迁到泰山的领地时，泰山（这个名字在猿类语言中的意思是“白皮肤”）不断去窃取他们的武器、食物和装饰品，毫不犹豫地杀死物品本来的所有者。在这本书写作的时代，美国南部的黑人会被处以私刑，书中描写泰山勒住一个黑人酋长的儿子的脖子，然后把年轻人的头饰放在村广场上的一个颅骨上，以此奚落村民。像库尔茨一样，泰山被非洲人视为森林之神，村民们会拿出祭品来安抚他。[23]泰山的策略与欧洲冒险家利用非洲土著获取橡胶和象牙的方式没有太大区别。不过他的暴力有一些卡通化，而且我们还会读到：“当泰山杀人时，他更多的时候是微笑而不是皱眉，微笑是美的基础。”[24]

泰山统治着一个无政府王国，而毛格力的丛林更像是一个军营。这是一个讲究权威、规则和秩序的地方，与人类社会的无政府状态和颓废堕落形成鲜明对比。除了无法无天的猴子之外，所有动物都受到所谓“丛林法则”的约束，“丛林法则”赋予了人类至高无上的地位；杀害人类或牲畜是被禁止的。黑豹巴希拉告诉毛格力：“整个丛林都是你的。”然后又补充道，“你可以杀死一切能杀死的东西；但是，由于买你的那头公牛，你决不能杀或吃任何牛，无论老幼。这就是丛林法则。”[25]当毛格力的保护者老狼阿克拉被赶下狼群头狼的位置时，毛格力拿来了一根火把，用火来威胁狼群，确定自己凌驾于它们之上的权威，最后离开了狼群。[26]后来，毛格力杀死老虎希尔汗并剥下它的皮，确立了自己在兽类社会顶端的地位。[27]

《人猿泰山》和《丛林之书》实际上都没有对丛林本身进行描述，因为如前所述，丛林远不仅仅是一个地方，而更多是一个概念。对泰山来说，丛林通常都太过纠缠混乱，步行时很难认路，所以他大部分时间都是从一棵树荡向另一棵树。这两本书都有伊甸园男人神话的变体，在夏娃被创造出来之前，男人独自在园中，是园中动物的主人。在亚伯拉罕的传统中，动物和人在大洪水之前都是素食者（《创世记》1:29）。但在这两本书中，他们都主要吃肉，但杀戮是完全没有矛盾的。它为人类提供了一种与动物联盟的方式，同时又不会牺牲自己的

佛罗里达葡萄柚果汁广告，约 1945 年。广告中描绘了持枪的美国大兵和处于绝对从属地位的当地人，同时宣扬葡萄柚为“特种兵水果”。

可口可乐广告，1945年。广告中将肌肉发达的美国士兵描绘得和超人差不多，并调侃不懂对讲机为何物的“迷信”的非洲部落成员。

主导地位。几十年来，泰山和毛格力的故事一直很受欢迎，并不断被改编成广播节目、电视专题节目、电影，有续作和模仿作品等各种衍生形式。

几乎所有来自殖民国家的人都认为非洲人“野蛮、暴虐、幼稚”。

3 Comic Sections

THE POST-STANDARD

SYRACUSE, N.Y., SUNDAY, DECEMBER 11, 1938

16 Pages of Colored Comics

405-12-11-38

Tarzan

by EDGAR RICE BURROUGHS

TARZAN'S ENEMY

THE APE-MAN WAS SUDDENLY AROUSED BY A COMMOTION BELOW. HE DROPPED SWIFTLY TO EARTH.

THERE HE FOUND THE SENTINEL CRYING THE ALARM.
"TARMANGANI! TARMANGANI! GOMANGANI! THUNDERSTICKS!"

NEXT WEEK: A NEW DANGER

----HE MIGHT SOMEHOW HARM HIS RIVAL. HIS CHANCE WAS SOON TO COME!

1938 年 12 月 11 日《锡拉库扎旗帜邮报》上的泰山漫画。

少数不这么想的人，如约瑟夫·康拉德，通常对这个问题保持沉默。到 19 世纪晚期，已经有大量关于美洲原住民的民族志著作问世，但几乎没有关于非洲人的。19 世纪，中非地区的人没有通用的书面语言，他们被分割成多种不同的文化。除了极个别的例外，他们的手工艺品都是由易腐烂的材料制成的，因此我们对欧洲殖民之前的土著文化的了解仍然非常有限。

与欧洲、美洲和几乎整个世界一样，今天的非洲与过去的联系被切断了。非洲大陆大部分森林遭到砍伐，而且砍伐面积还在不断扩大。大型动物现在大多局限于野生动物保护区中，然而非洲的艺术和设计在很大程度上仍然是以动物形态为基础的。雨林中的动物随处可见：女装上的图案、罐子上的设计、儿童的游戏、仪式，等等。[28] 传统非洲艺术中的野生动物形象栩栩如生（欧洲裔美洲文化中没有对应物），这表明非洲人的祖先对这些动物很了解，而当代艺术表明许多知识被传承了下来。

名称蕴含的事情

丛林的概念，像其他种类的林地一样，总是更多地由情感联系，而不是由生物特征或环境特征来定义，这暗示着一场无情的达尔文主义的生存斗争。城市中危险的地方被称为“钢筋水泥的丛林”。“丛林法则”不再像吉卜林书中所写的那样代表着一套复杂的规则，而只是弱肉强食，强者主宰一切。俗话说“外面即丛林”，意思是人们时刻都会占那些表现出一丝丝弱点的人的便宜。今天，“丛林”这个词仍然相当流行，但它很少出现在与科学或环境相关的出版物中。许多人觉得这个词隐含着种族主义的暗示，因为它贬低南半球的环境，顺带贬低了南半球的人。

“丛林”一词在其他方面也变得不合时宜了。至少直到 20 世纪中期，人们还认为热带森林中的生活是由残酷竞争主导。人们相信，树木持续争夺着树冠层的光和土地中的养分，失败者就等于被判了死刑。而今天，我们则更多强调合作，树木通常通过菌根的真菌网络与其他物种交换养分。事实上，森林中几乎不可能区分竞争与合作，因为个体身份是非常不明确的，甚至生死之间的区别也是不确定的。

13 带着大斧的人

斧头跃起！
坚实的森林发出流畅的话语，
它们翻滚向前，上升成形，
小屋，帐篷，装卸，勘测……
——沃尔特·惠特曼，《宽斧之歌》

玻璃盒子里一片黑，但是当你按下红色的大按钮时，它就会亮起一个黄色灯泡，这代表着太阳。然后你会看到一个典型的20世纪50年代美国中产阶级家庭，成员包括一个男人、他的妻子、一个女儿、一个儿子和一条狗，他们骄傲地站在房子和汽车前面。所有成员——包括狗在内——开始唱起歌来，歌词的内容是关于他们家里的所有东西都是由石化产品制成的。唱完之后，男孩说："但猫不是。猫是我们家中唯一不是由石化产品制成的东西。"然后天空中响起一个低沉的声音，愉快地回答道："嗯，暂时不是。"然后发出一阵大笑，之后盒子就又黑了。

这是芝加哥科学与工业博物馆中一个相当典型的展品，20世纪五六十年代，当我还小的时候曾经来过这个博物馆很多次。这真的是一个广告博物馆，和所有广告一样，展品主要是为了引起人们的注意。当时，科学被一种近乎宗教般庄严的气氛包围，展品中所包含的科学知识足以让参观者相信自己正在进行一场朝圣。展品中还有一个巨大的人体心脏模型，当你走过时它就会跳动。还有一台摄影机，站在那里你就可以看到自己出现在电视上，这在那个年代是名人和政治家的特权。

最大的展品就在大厅的中央,展示的是硬木行业。你会走进一个小木屋,向窗外望去,便能看到伐木工人保罗·班扬的面部模型,非常大,而且嘴唇和眼睛都会动。有时它只是悄然无声地动,但大多数时候会有预先录制好的关于保罗在伐木营地中的壮举。当时,保罗·班扬的传说被广泛认为是一部美国民间史诗,可以与亚瑟王或赫拉克勒斯的故事相提并论。[1] 诗人卡尔·桑德堡写道:"保罗身上的一些特质如群山般古老,又如文字般年轻。"[2]

保罗·班扬的流行故事都基于一个主题——宏大的规模。保罗是个巨人,有时七英尺高,有时八英尺高,有时还要更高。陪伴他的是吉祥物,一头名叫"宝贝"的巨大蓝牛。保罗挖出了大湖,把一锹锹泥土投入圣劳伦斯河中,造就了千岛群岛。他让河流流动,这样河流就可以运送他的木材。他拖着斧头而行,就造出了大峡谷。保罗伐木队中的厨师使用的锅非常大,为了给锅上油,人们需要脚踩着牛排在锅中滑行。保罗用一棵空心树的树干当扩音器,以召集他的伐木工人吃饭。

这些故事集中体现了一种美国独有的民间故事类型,即"大话故事",故事的基础都极度夸张,压根就没有打算让人相信字面上的意思。[3] 它们表达了工业革命的亢奋,当时许多以前几乎无法想象的事物正在成为日常生活的一部分,包括铁路、电报、摩天大楼、电灯、电话等。同时,故事中夸张的幽默有助于缓解不安情绪,自我嘲讽的元素减轻了颂扬权力可能带来的傲慢印象。

在工业革命中,人们学会了以曾经似乎是大自然独有的速度和可靠性来重塑整个景观。在实现这一目标的过程中,人们挖掘长长的运河、建造巨大的水坝、爆破岩石、改变河道,当然还有大规模的皆伐。大话故事的套路是将工业取得的成果(至少部分是由工业取得的)归因于老式的人类力量和创造力,其结果是至少在一定程度上使工业人性化,同时使其看上去更加壮观震撼。

保罗可能是偏远地区的一个伐木工人,有些人认为他是文盲,但关于他的故事渗透出资本主义和进步的意识形态。非常多的发明都归功于保罗,以至于哈罗德·菲尔顿的长篇巨作《保罗·班扬传奇》中有一整章是专门讲述这些发明的。这本书没有区分有根据的民间传说和大众化或捏造的作品。据称，保罗发明了甜甜圈和磨刀石，还发明了许多用于砍树、钻井、收割庄稼以及各种用途的设备。[4] 根据一个相对有根据的传说，他制造了一把猎枪，冲击力可以将鹅击打得直冲云霄，等它们落地时肉都已经变质了。因此，他在铅弹上涂盐以让鹅肉保鲜。[5]

20 世纪后期，大话故事逐渐不再流行。工业革命扩大了技术设备的尺寸，而数字革命则使其小型化。计算机曾经占据整个房间，如今则缩小成智能手机，但功能更强大。此外，由于从核弹到环境污染等各种因素，新技术带来的危险无法忽视。

大话故事既有趣又容易编造。保罗 · 班扬的故事生气勃勃，但没有什么深刻、抒情或悲剧的成分。与大多数民间传说中的英雄不同，保罗从未遭遇过惨重的失败，他甚至从未被一个特别强大的对手考验过。他只是一直在森林中砍伐木材，而森林似乎取之不尽。这些故事反映出一个迷恋大概念时代的精神——大人物、大计划、大行动、大梦想，最重要的是大生意。但这些故事最初是由相对无权的劳动者讲述的，也许所有的吹嘘都隐藏着一种对自身弱势的感知。

那么，大森林呢？它们确实被大规模地——工业规模地——削减了。根据一些说法，保罗和他的队员砍伐了 40 英亩的白松，得到木材 1 亿板英尺（合 236000 立方米）。[6] 保罗还彻底砍光了一些州，将这些州变成了大草原，这一成就备受赞誉。[7] 有一个故事说他砍树时不是用斧头，而是用一把大镰刀，就像农民割小麦一样轻松地收割大树。[8] 保罗之于美国树木，就如同大型狩猎活动的猎人之于非洲野生动物。

但是保罗 · 班扬时代是一个极其短暂的历史时刻，最多只持续了几十年。许多围绕着篝火讲述保罗 · 班扬故事的伐木工人可能意识到了他们的生活方式正在成为过去，所以希望在它彻底消失前再给它多添一点魅力。到 19 世纪中叶左右，除了一些人迹罕至地区的孤立森林外，美国东北部的原生森林已经被砍伐殆尽。当然，还有第二、第三和第四成长林，但它们产出的木材数量和质量都无法与过去相提并论。人们对木材的需求不断增加，因为除了建筑、取暖和锻造等传统用途

20 世纪 50 年代美国教室中张贴的关于木材用途的海报。森林依然是被浪漫化的，同时也是极为商业化的。

外，木材还被用于工业，如作为铁路上的枕木、引擎的动力燃料、高炉的燃料、工业化造纸的纸浆。

像定居点一样，木材工业最初向西迁移是迁到五大湖周围的州。从 1878 年到 1883 年，该地区的白松木材产量增加了一倍多。随后有所波动，但产量依旧持续增长，直到 1892 年开始急剧下降，并持续了几十年，到 1920 年，产量远远低于繁荣初始时的水平。[9] 五大湖各州的森林消耗枯竭，木材工业接着转移到南部和西北部，而这些地区很快就遭遇同样的命运。

第一个有记载的保罗·班扬故事是 1885 年在威斯康星州托马霍克附近讲述的。[10] 在接下来的几十年里，这些故事出现在威斯康星州当地的报纸上，并被一些民俗学家收集。最初的故事比后来的版本粗糙得多。虽然伐木工人中有一些人技术高超，但基本上都是流动劳工。他们必须挤在临时的掩体中从事危险的工作，有时是在寒冷刺骨的天气里劳作。

伐树时，他们会用斧头在一侧砍出缺口，然后用锯子锯另一侧，直到树倒向之前缺口的一边。但是，树木，尤其是非常古老的树木，总是有可能在内部某个不明位置至少部分中空，最终出人意料地倒下，并且是倒向错误的方向，随即可能引发严重的事故，甚至死亡。

由于伐木都在偏远地区进行，附近没有铁路，通常也没有公路，原木的运输需借助河流。河岸往往极为不规则，这常会造成原木被卡住，需要靠人力去打破。伐木工人必须站到原木上，保持身体平衡，然后用杆子推动卡住的原木，或者采取其他措施，包括炸药。落水或爆炸可能会造成伤害，而伐木工人并没有意外保险。

所以，到了春天，营地就地解散，辛苦工作了几个月的伐木工人们下山进入城镇，会因争吵、酗酒和嫖娼而臭名昭著。许多伐木工人身上都有打架时被拳头或刀子留下的伤疤以及其他非常明显的伤残。尽管城镇不太能容忍暴力事件，但它们有大型妓院和酒馆用来接待这些工人。早期很可能有关于保罗·班扬嗜好喝酒、打架的故事，但伐木工人不喜欢跟外人讲这些。一些信息来源暗示了这样的故事，甚至有一些简短地提到了保罗的饮酒狂欢，但并没有多少这方面的故事流传下来。[11]

保罗·班扬的故事大规模流行完全是因为广告。威廉·B. 劳埃德曾经是一名伐木工人，后来在红河木材公司的广告部工作。1914 年，他写了一本名为《为您介绍加利福尼亚州韦斯特伍德的保罗·班扬》的小册子，其中包含对公司产品的介绍，同时穿插着保罗·班扬的逸事。宣传单被发送给潜在客户，两年后又推出了新版本，但并没有取得巨大成功。红河公司为“保罗·班扬松木”做广告，并使用保罗的图像作为公司标志。[12]

1922 年，劳埃德又出版了一本名为《保罗·班扬非凡功绩》的宣传小册子。[13] 其中只有几页是关于红河木材公司的产品，其他完全围绕这位传奇的伐木工人，不过内容又有很多自由发挥。劳埃德从零碎、不相关的故事中构建出一个连贯的整体。他给保罗的牛取名为“宝贝”，为过去始终没有名字的同伴们起了缤纷多彩且具有民间特色的绰号，比如“笔杆子约翰尼”和“拓荒山姆”。劳埃德站在企业视角写作，把保罗塑造为一个理想的经理。[14] 他又进一步夸大了班扬原本就相当大的体型和力量，令他越来越不像人类，而更像神，这也是在含蓄地拿一些轻信的伐木工来找乐子。

劳埃德发明的名字和其他细节很快被收录至保罗·班扬正典，甚至收录进口述传统。劳埃德的框架建立之后，其他人便很容易出于文学的或流行的目的杜撰保罗·班扬的故事，书面传统立即压倒了口头传统。要将民间传说与大众娱乐分开变得不可能了。除了主要针对儿童的流行书籍之外，对班扬传说的狂热还包括玩具、游戏、漫画、旅游目的地、餐馆等。他最初是一个民间传说中的人物，但逐渐转变成了一种漫画式的超级英雄，就像泰山或超人。

保罗·班扬故事的商业化激怒了民俗学家理查德·多尔逊，他将保罗·班扬作为“虚假传说”的主要例子，称保罗·班扬为“20 世纪大众文化中的伪民间英雄——一个用于证明‘美国精神’的方便好用的模糊符号”。他接着列举了保罗被用作许多矛盾形象的典范，既包括虚构的无产阶级，又包括高效的大企业。最后，多尔逊总结说：“没有

保罗·班杨和蓝牛“宝贝”的塑像，位于加利福尼亚州克拉马斯的“神秘树林”景点。

神话，只有一个空壳的巨人和他空壳的公牛。”[15]

多尔逊是一个纯粹主义者，致力于将民俗学确立为一门学术专业。出于这个原因，他试图将其与一些其他媒介截然区分开来，如文学，更重要的是大众媒体。在这方面，他最终并不太成功。如果说从前许多作家强烈夸大了保罗·班扬故事在口头传统中的基础，那么多尔逊则几乎完全错误地忽视了少数几个有根据的民间故事。总的来说，多尔逊没有意识到口头传统和书面传统是如何交织纠结在一起的，而且它们可能一直都是如此交织着。我们认为亚瑟王故事是民间文学，但无法判断这些故事是不是经常在壁炉边讲述。我们真正知道的是它们构成了许多中世纪史诗的基础。尽管多尔逊渴望将民间传说建立在科学基础上，但我怀疑他可能私下里持有一种非常浪漫化的视角。他认为民间传说体现了一个民族的智慧，但没有充分认识到民间故事不一定比个人创作的故事或新闻作品更丰富深刻。

多尔逊写作之时是 20 世纪中期，那时的商业文化远比今天单调，知识分子一直在反抗可能将人引向温和顺从的压力。这种反抗精神有多种形式，如存在主义、垮掉派诗歌，甚至摇滚乐。民俗学把反抗精神表达为对真实性的要求。多尔逊认为，关于大卫·克洛科特和迈克·芬克的故事所具有的粗糙性——粗俗、残酷和种族主义——是其真实性的标志，尤其是与相对净化的保罗·班扬故事相比。[16] 多尔逊没有意识到强调夸大和夸张修辞的边疆故事反映并促进了美国的商业文化发展。但归根结底，广告商比迈克·芬克更爱吹牛。如果仔细研究的话，大众文化——即使是最枯燥的形式——所能讲述的社会风貌并不亚于其他所有类型的故事。保罗可能代表大伐木业，而宝贝可能代表大农业，但他们不是空壳。

保罗·班扬故事有一个更大的问题，但与类型无关。大多数民间传说歌颂自然世界，这是其具有吸引力的一大因素。但在保罗·班扬的故事中，无论是民间传说、大众流行故事还是文学创作故事，几乎都没有暗示森林有任何精神或美学上的吸引力。树木只是商品，可以通过尽可能快速高效的方式加以利用。这一点同样适用于动物，在一些故事中，动物被以相当浩大的规模猎杀。

纽约州埃尔斯福德加油站的保罗·班扬雕像，可能是20世纪50年代的作品。保罗·班扬是广告商的摇钱树，他们发现了各种巧妙的方法来利用他的故事。此外，英国石油公司（British Petroleum）意识到他们的首字母PB与传奇伐木工的名字首字母BP相同，只是顺序相反，因此他们利用他来宣传自己的产品。几十年过去了，这座雕像仍然屹立不倒，不过现在少了一只胳膊。

图勒·德·图尔斯特鲁普，《在威斯康星州北部伐木》，版画，
出自《哈珀周刊》，1885 年 2 月 28 日。

这证实了后来成为美国林务局第一任局长的吉福德·平肖对当时美国林业的看法：“人类历史上规模最大、速度最快、效率最高、最骇人听闻的破坏森林的浪潮正在美国高涨至顶峰，而美国人民却对此欣喜不已。”他还论述了美国人作为一个拓荒民族将森林视为进步的障碍。[17]

政府土地

在早期的保罗·班扬故事中，这个大人物没有足够的钱来支付伐木工们的报酬。他跑进营地大喊，这些人一直在砍伐受政府保护的树木，要不了多久就会被关进监狱。工人抢走了他们能顺手拿走的所有财物，四散奔逃，没有索要工钱。[18] 由于显而易见的原因，这个故事未能被收录进大多数选集。保罗一如既往地聪明，但这次很狡猾且不诚实。在保罗·班扬的故事中，这几乎是唯一一个承认存在如下认知的故事：有些人会认为砍伐原始森林是错误的。

当保罗和工人们在破坏五大湖区的原始森林时，事实上正有一场保护森林的运动开始兴起。1864 年，林肯总统签署了《约塞米蒂山谷赠与法案》，将约塞米蒂和附近的一些土地作为公共用途，如徒步旅行和娱乐。1872 年，格兰特总统签署了一项法案，令黄石公园成为第一个国家公园。我猜想伐木工人可能隐约听说过这些事件，但并不完全了解。出于替伐木工人辩护的立场，我们可以补充一点，设立这些公园的理由往往模糊不清、前后矛盾且不易理解。在民间故事语境中，保护威斯康星州森林的想法被认为是荒谬的，但也没有离谱到华盛顿的疯子们不会这样做。

然而今天，我们可能会非常好奇为什么威斯康星州和五大湖及南部其他地区的原始森林没有得到政府的保护，哪怕只是部分保护。这些地方有许多大树，但没有一棵能在粗壮程度上与遥远西部的巨杉相比。它们也缺乏壮观的特征，如宽广的峡谷或高耸的山峰。它们的每一寸都和约塞米蒂一样自然，甚至更少有人定居，但它们反倒没有那么壮观。

很可能，单独划出国家公园并使其神圣化反而导致其他森林更容易遭受无节制的砍伐。设立国家公园减轻了人们对破坏自然世界的忧虑。此外，还有一种缓解焦虑的方法是允许继续运营位于约塞米蒂已经建立的农场，同时保护五大湖附近的大部分原始森林。不幸的是，人们赞美、崇拜自然的同时也在不断商品化（破坏）自然。

几千年来不断在全球各地进行森林砍伐、定居、耗尽资源然后继续前进的循环模式创造出了一种普遍的怀旧情绪，一种对遥远过去某种未知生活方式的憧憬。从希腊罗马的神庙到哥特式教堂和中国佛塔，礼拜场所都是以森林为原型建造的，因为森林往往被认为是神圣的。然而，森林不仅会因此得到保存，也会因此被破坏。自进入现代之后，大部分森林砍伐都是由近似于圣像破坏运动的宗教强力驱动的。森林被贬低为野蛮且阻碍文明进步的东西。[19] 但是，人类破坏了森林，又一直在哀悼森林。也许我们对自然的概念基本上就是一种怀旧，一种对我们只有在失去后才能了解的东西的渴望。

詹姆斯·吉尔雷,《自由之树，以及诱惑约翰·布尔的魔鬼》, 1798年，蚀刻版画，手工上色。这幅漫画将法国大革命期间栽种的自由树与背景中英国传统中的树进行对比（约翰·布尔是英国的人格化形象）。

14 树的政治

我毫不怀疑，
当一个法国人读到伊甸园时，
他会得出的结论是，
伊甸园有点像凡尔赛宫，
也有修剪过的树篱、林荫路和棚架。

——霍勒斯·沃波尔

对当代读者来说，森林史上最大的矛盾可能是我们实在太习惯于将森林保护视作政治左派的一桩事业，然而，在历史的大部分时间里，它大多被视为右派。政治左派和右派之间的区别是现代才有的，可能直到法国大革命时期才开始有这种区分，当时议会中的政党根据其政治观点坐在讲台的左侧或右侧。要明确说出政治左派和右派之间的区别是不容易的。总的来说，左派更民主，距离精英主义更远一些。大部分时间里，最认同自然世界的主要是精英阶层，这可能是因为他们有办法最大限度地保护自己免受自然的威胁，享受自然的美景以及掠夺自然的资源。另外一个区别是右派更倾向于过去，左派则更倾向于未来，不过我怀疑这两者之间的区别可能远不止哲学层面。无论如何，环境保护主义是现今每个左派政党纲领的重要内容，而右派则将其最小化或完全忽视。

在乡村社会中，森林是相对公共的财产，如美国东北部的林地居民或中世纪早期的农民将森林用作各种用途，比方说拾柴、采集草药或打猎。自然界和人类世界之间的界限是一个渐变极为缓慢的连续体。随着一个人越来越深入森林，人类的控制力逐渐减弱，自然或超自然的生物则越来越突出，但即使是人类和自然精灵，二者之间的区别也可能非常容易打破。

很难说清自然领域和人类领域之间的明显界限是何时以及如何产生的。在相对以人类为中心的希腊和罗马文化中，所有重要的神都是人的形态，尽管他们偶尔会变成动物。有些，如阿波罗和雅典娜，与人类领域有着密切的联系，而其他的，如狄俄尼索斯和阿耳忒弥斯，则与森林和其他景观有关。前面一类神更冷静清醒，而后面一类，尤其是狄俄尼索斯，则倾向于狂热疯癫。

与人们通常认为的相反，基督教的兴起并没有给人类与自然的关系带来急剧的变化。首先，基督教在很大程度上被证明非常善于吸收民间信仰或被民间信仰吸收。至于基督教是否比希腊罗马的异教更以人类为中心，这并不明确。在某些方面，基督比希腊罗马的神更明确地具有人性，因为它和人类一样，会遭受极度的痛苦和死亡。然而它是一个植物神，更接近狄俄尼索斯，而不是阿波罗。

公元 8 世纪末，基督教变得明显不那么宽容了，查理曼对异教的撒克逊人发动了种族灭绝战争，处死拒绝洗礼或亵渎耶稣的人。紧接着，他主张自己对撒克逊人的家园——森林——拥有更大的控制权，森林开始失去作为公共区域的地位。最值得注意的是，查理曼开始划出大片森林作为狩猎保留地，这一做法将在未来几百年被全欧洲的其他君主和贵族效仿。

然而，查理曼这样做时并不是以人类统治的名义。相反，他通过宣称自然的权威来维护对森林的统治。正如我们已经看到的，这在高度仪式化的猎鹿活动中得到了确认。禁止砍伐森林的法律和对农民使用森林的限制是保护自然免受人类侵犯的一种手段，同时也是维护君主权威的一种方式，因为自然被理解为一种赋予君主权威的神圣等级秩序。在很多时候，农民会被认为地位低于动物，如鹿，甚至低于树木。

在中世纪末期，这种秩序发生了部分改变。尽管皇家和贵族狩猎区仍继续存在，但为了给人类定居让路，森林被越来越多地砍伐。随着森林的消失，它们在骑士史诗和童话故事中被美化为传统规则不适

卢卡斯·凡·瓦尔肯伯奇，《春》，1595 年，布面油画。即使春天已经到来，繁花盛开，画中人物仍然穿着非常正式的礼服。背景是一座文艺复兴时期的花园，精心规划了许多形状对称的小块土地。

用的浪漫和冒险场所。随着资本主义逐渐摆脱封建秩序，对森林的砍伐和控制开始以人类主宰的名义进行。

这种差异可能在花园的设计中表现得最为明显。文艺复兴时期的园艺风格在路易十四的凡尔赛宫得到最浓重的呈现——戏剧化呈现了人类对自然的主宰，特别是通过整齐的矩形花坛、精致的灌木修剪使得树木也变成对称图形。路易十四仍然被认为是绝对统治者的终极典范，他选择太阳作为自己的标志，被世人称为“太阳王”。他认同的不是基督，而是太阳神阿波罗，阿波罗是希腊罗马万神殿中人格化程度最高的神，代表着文明的艺术和人类形态的完美，此时会遮挡阳光的森林反倒被视为落后的、迷信的象征。

现代早期的风格集中体现在 18 世纪的英国花园中，它不是基于对自然的主宰，而是基于自然权威和权力的主张。自然可能确实至高无上，却是统治者或庄园领主的化身。这种风格的特点是不对称的设计和弯曲的线条。与文艺复兴时期的园林相比，它更多通过改变溪流流向、建造人工湖、改变地形和选择树木的生长位置来凸显对景观的控制。这样的花园看似自然，但只是因为人工痕迹被隐藏了起来，实际上花园的拥有者对景观进行了大规模的人为操纵。[1]

文艺复兴风格是不加掩饰地以人类为中心，而现代早期风格渴望成为——也可能确实是——以生物为中心。然而，实际上，两者从本质上服务于相同的东西，即专制统治。被英国园林的鼻祖汉弗莱·雷普顿称为“纯粹为了方便之物”的东西是不允许出现在庄园宅邸附近的，因为庄园宅邸主宰整个景观。那些“为了方便之物”包括谷仓、学校、菜园、教堂墓地以及其他任何具有严格实际用途的建筑。[2] 有时候，甚至整个村庄都要被拆除，因为它们妨碍了以贵族宅邸为中心的和谐景观的印象。[3] 偶尔，一个生产农场可能被伪装成城堡或教堂等更卓越的建筑的废墟而隐藏起来。[4] 庄园是自然的一种表达，而自然的秩序将富人置于其他人之上。

“大能人”兰斯洛特·布朗和其他人的辉格派花园部分让位给了托利派花园，在某些方面，托利派花园进一步加深了所有者与自然的认同感。辉格派修剪整齐的景观让位于托利派对“野生”自然的模拟。辉格派花园的意识形态是自由放任的资本主义与专制特权的结合，而托利派花园的意识形态的部分灵感则来自对新兴资本主义秩序的反动。他们经常回顾一种理想化的古英格兰的封建秩序，在这种秩序中，人和自然都不受市场兴衰变迁的影响。庄园与其说被描绘成一种新秩序的代表，不如说是一个理想化社区的行政中心。[5] 这也需要削弱私有财产的概念，部分恢复共有财产，包括森林，由此最终形成国家产业的概念，即国家公园的起源。[6]

皇室和贵族与自然的这种认同象征可以在许多描绘英格兰查理二世藏在一棵橡树上躲避克伦威尔士兵的作品中看到。约翰·伊夫林将出版于 1644 年的《森林志》一书献给了国王，称查理二世为 Nemorensis Rex，即“森林之王”，在提及那棵橡树时称其为“神圣的橡树，您的驾临令其神圣”。[7] 描绘这个场景的作品中有一件是托马斯·托夫特于 1680 年创作的陶盘，现藏于纽约大都会艺术博物馆。与其他许多作品一样，这幅画中呈现的年轻国王不仅仅是坐在橡树树枝上，而

塞缪尔·威尔，《伊甸园中的亚当和夏娃》，约1773年，版画。这里的乐园是以植物园为原型来想象的，亚当和夏娃是这里的主人。他们的主宰力很强大，但不引人注目，他们照管着来自全球各个地方的植物和动物。

有查理二世在树上图案的彩陶盘，约 1680 年，
托马斯·托夫特创作釉彩装饰陶器。

是已经与树融为一体。两根树枝构成了他的手臂，而树干则变成了他的脖子，一直延伸到头部。他的头周围长满了橡树叶。橡树的一侧有一头只用后腿站立的狮子，是英格兰和野生自然的象征。另一侧是一头独角兽，也是只用后腿站立的，脖子上挂着一条长长的金链。[8] 在传统观念中，链子可能象征着苏格兰国王的权威。而在这个语境中，链子还可以进一步象征自然法则，而自然法则是维护君主权威的，其与树和森林融为一体，树和森林的神力肯定了其统治权。

木材短缺

森林是皇室、贵族、资产阶级和农民之间持续进行权力斗争的中心，在法国尤甚。斗争主要是以务实的方式进行，但象征意义始终非常明显，复杂程度几乎不亚于权力斗争本身。这种斗争始于 17 世纪，当时欧洲强国的人们开始担心迫在眉睫的木材短缺问题。他们不仅需要木材用于建筑、照明、取暖、锻造和玻璃吹制，还需要将木材用于工业规模化的高炉冶炼。而且，从 1450 年前后持续到 1850 年前后的小冰期，全球气温下降，加剧了对木材的需求。就许多欧洲政府而言，其对木材的最大需求是造船，这需要大量木材。由此引发的关于保护木材的争论有时类似于当代的争论，甚至很容易被视为环保运动的开端。但是没有一个政党对环境有任何担忧，至少从我们今天所理解的环保角度来说是没有的。

随着越来越多的森林被砍伐，树木越来越成为一种奢侈品，以及地位的象征。君主和贵族将树木栽种在精心设计的花园里，可能会栽种在维纳斯雕像、人造的“古代”神庙遗迹等旁边。因为需要树木提供阴凉并吸收雨水，因此沿着重要道路种植成排树木的间距是有规律的。特别高大的树通常会种植在通向皇家或贵族宫殿大门的沿途，以凸显这个地方的重要性。

1662 年，约翰·伊夫林向新成立不久的英国皇家学会提交了一份报告，文中主张植树造林为英国海军提供木材。两年后，他将该论文扩展成一本书，书名为《森林志》(或名《林木繁殖》。伊夫林在书中提供了大量的栽种繁殖建议，如各种土壤最适合栽种哪类树木，此外他还通过诉诸传统来鼓励土地所有者种植并保护林木，他始终认为从荷马时代开始，树木就因美丽而受到高度重视，并被视为所有者伟大的象征。

伊夫林更关心的是把森林作为一种祖产来保护，而不是被用作造船的材料。他在序言中写道:“我编纂这部作品并不完全是为了普通的乡野之人（林务员和樵夫），而是为了更具独创性的人——那些经常通过这些令人愉快的种植劳作提神醒脑的绅士和上流社会人士的乐趣和消遣。”[9] 英国贵族似乎不太可能为了增强海军实力而愉快地放弃他们家族世代种植的珍贵树木。无论如何，英格兰开始从俄罗斯、波罗的海国家和美洲殖民地进口造船所需的大部分木材，并不需要自给自足。[10]

1669 年，法国国王路易十四的财政部长，权威赫赫的让·巴普蒂斯特·柯尔培尔颁布了《水域和森林条例》，制定了保护法国森林的计划，其目的是确保法国的军事力量。与英格兰和荷兰不同，法国拥有本土的木材储备，有能力满足日益增长的海军需求，但这只有在森林得到精心管理的情况下才有可能实现。[11] 法国森林管理中主要使用的制度被总结为“高树之下生矮树”（Le taillis sous futaie），这个说法经常被人提及，就像是一个政治口号。大树象征着皇室和贵族，而下面的矮树则代表地位卑微的人。下层林可以提供木柴或用于其他日常用途。高大的树木可能需要近百年的时间才能长成，可以提供海军船只船舷所需的长木板和做船桅所需的立柱。这一制度允许人们根据需要或多或少地砍伐木材，但不能皆伐。

然而，“高树之下生矮树”的方法存在实际、环境和美学等方面的问题。首先，两种高度明显不同的树木（也就是说一种非常高，一种非常矮）所提供的多样性远远少于自然再生，自然再生的环境是许多不同高度和物种的广泛混生。而且，大树的树冠可能会长到合拢，导致下面的树木无法获得充足的光线。根据市场和军事需求进行采伐也没有给林业工人留下多少灵活空间。伊夫林对林业的了解比柯尔培尔多得多，他反对将矮树和高树混种，理由是两者会争夺空间和资源。相反，他建议将成材树种植在田地的外围，“这样它们的树枝就可以自由伸展”。[12]

柯尔培尔的法令反映出国王想要集权并对贵族们行使权力的欲望，它授予海军对森林巨大的控制权，包括标记和保护长势看好的树木，即使森林归贵族成员所有。想要出售木材的人必须在每个地块上保留十棵最好的树，最好是橡树，以便最终用于造船。然而，这一法令并没有得到持续连贯的执行，尤其是因为王国的战争和大兴土木造成财政紧张，甚至国王也违反规定，不加选择地出售木材，来为他的野心筹措资金。[13]

如果说“高树之下生矮树”是适合封建社会的安排，那么普鲁士人以均匀间隔的行距种植同龄针叶树然后皆伐的制度就是早期的工业制度。与法国和英国不同，普鲁士没有成为海上强国的强烈愿望。与木材的质量相比，它更关心木材的数量，因为木材不仅可以为家庭取暖和小企业提供燃料，还可以为采矿等重要行业提供燃料。汉斯·卡尔·冯·卡洛维茨是普鲁士萨克森地区的矿山负责人，这片区域需要大量木材来支撑矿井和熔炉，以将原矿转化为金属。他于1706年出版了《森林文化经济学》，这本书被广泛认为是科学林业的开端，基础是可持续性原则（nachhltigkeit）。这一原则指出，人们不应过量获取木材。[14] 具有讽刺意味的是，这种想法是极度商品化的结果，而当代环保主义者经常对商品化提出警告。这是人们熟悉的商业格言的延伸——人应该平衡预算。可持续性这一概念的含义将远远超出卡洛维茨的预期，成为生态学的基础。

卡洛维茨主张在皆伐后进行大规模种植，实质上就是农民收割后重新种植农作物的做法。他喜欢针叶树，尤其是云杉，因为它们的生长速度非常快。当时的贵族们在打造自己的庄园景观时已经大规模地用针叶树重新造林，而卡洛维茨的工作则将这种做法推广到了工业领域。

罗斯基厄宾庄园，约1700年，木板印刷品。出版者是送果协会（Fruchtbringende Gesellschaft），这是一个贵族慈善组织，致力于促进德语的发展。画面展示了在普鲁士将针叶树单一种植列为官方政策之前，贵族们是如何在自己的庄园里种植针叶树的，尤其是在现在的德国地区。

虽然卡洛维茨的基本取向是商业，但他极为关注树林在各个时代所具有的宗教和文化意义。他可能是第一个提醒人们关注塔西佗笔下“恐怖森林”的人。[15] 这与新兴的工业化美学不谋而合，这种美学通过宏大的规模来唤起人们的敬畏之心。大面积单一种植针叶树从环境学角度来说是有害的，但确实有一种壮观的效果。大量单一栽培的云杉树不是普鲁士的本土物种，但它们很快就与普鲁士联系在了一起。在未来的几百年中，这也将引发一种反动情绪，从而激发人们对从前的橡树和椴树的浪漫怀旧之情。

法国人和德国人都对自己的森林感到自豪。德国人往往相信自己国家的森林覆盖率比法国更高。而同时，法国人则认为自己国家的森林比德国更自然。无论如何，事实证明普鲁士的制度更符合新兴的资本主义秩序。据我所知，没有其他国家采用法国的“高树之下生矮树”政策。欧洲的其他国家越来越多地采用普鲁士的做法，用针叶树取代本土树木，[16] 甚至法国也是如此，枫丹白露看似原始的树林也在实施这样的策略。[17]

英国在工业化方面领先世界，因此对燃料的需求最大。到 1805 年，原始森林面积减少到仅占英国土地面积的 4.5%。[18] 许多景观，包括一些历史建筑周围的景观，都没有树木，看起来很荒凉。然而，砍伐英国和欧洲大陆森林造成的影响很大程度上仅限于美学和长期的环境层面。木材的缺乏既没有阻碍军舰的建造，也没有阻碍工业的发展。

研究人员的共识是，英国和欧洲大陆对即将到来的木材短缺——至少是木材作为一种商品可能出现的短缺——的担忧被过分夸大了。[19] 在世界各地，木材短缺造成燃料供不应求的现状正因煤炭供应的增加而逐渐得到缓解。

伊夫林基本上是将海军造船厂需要木材作为自己独特爱好写作的借口；柯尔培尔试图将森林置于国家控制之下；卡洛维茨的计划将森林商品化用于商业目的，同时否定或至少干涉农民和贵族对森林的许多传统用途。总的来说，伊夫林代表贵族，柯尔培尔代表国王，卡洛维茨代表新兴资产阶级。他们能先于当代环保主义者提出这些观点仅仅是因为他们从长远角度考虑，以几十年甚至几百年的尺度来思考问

根据乔治·亨利·波顿的画作《有可能的继承人》创作，版画，1873年之后。巨大的树木表明这个小男孩将要继承古老的产业。标题使用了“有可能的”而非“显而易见的”，意在讽刺，暗示遗产继承的不确定。男孩和他的母亲身边有一名黑人仆人或奴隶陪伴，这幅画是在美国南北战争之后的几年内完成的。美国东南部的贵族秩序注定要走向末日。

题。几乎从远古时代起，在涉及家族名誉和世袭传承时，人们一直都是如此。

不过，伊夫林、柯尔培尔和卡洛维茨也许都有超越政治的议题。关于森林灭亡的恐慌会周期性地一再出现，例如在20世纪80年代的欧洲大陆又再度出现，但事实证明这种恐慌被夸大了。要将务实的担忧与象征性的担忧区分开来是很难的，而且森林是一种原始遗产的观点会放大所有危机感。正如我们所见，森林一直与过去的时代保持着联系，特别是与君主制和贵族，而现在这些制度受到的抨击越来越多。保护森林也就意味着保护充满传奇的过去免受现代的冲击。

随着对君权神授信仰的逐渐减弱，君主和贵族与森林的身份认同也在不断减弱。[20] 1792年，也就是路易十六被捕的那一年，法国革命政府种植了6万棵树，主要是橡树，被称为“自由树”。这些树表达了人们对未来的信心，当时许多人将法国大革命视为人类的新曙光。同年，政府批准了一套历法系统，这种历法不是从耶稣基督出现开始计算年份，而是从法兰西第一共和国成立开始计算，不过只使用了很短时间。

自由树基本上被种植在公共场所，以便市民可以聚集在它们的树荫下。这种象征意义，就像政府的共和形式一样，仍然存在争议。1852年，刚刚在前一年年底通过政变复辟君主制的拿破仑三世下令砍伐还活着的自由树，然后以“总统松”取而代之，总统松象征着在一个有序的、等级明确的政体中所处的卓越位置。[21]

纳粹的环境保护论

树木和森林的政治象征不断复杂化，因为它们不仅反映了君主制和共和制之间的冲突，还反映了很多其他方面的冲突，例如自由资本主义和社会主义、宗教和世俗主义、民族主义和国际主义，甚至西方国家和苏联集团之间的冲突。不过，总的来说，20世纪大约直到最后三分之一的时间里，森林保护都一直与政治权力联系在一起。这种观念在德意志第三帝国时达到顶峰。纳粹党夺取政权后，立即出台了一系列前所未有且非常细致的关于保护自然的法律，包括两部关于森林的法律、多部关于动物的法律和一部关于狩猎的法律。这些最终促成了1935年6月《自然保护法》的出台。[22]这些法律充斥着“血与土”的意识形态，以及对动物和自然的关注体现了德意志民族优越性的观点，不过其中也包含许多人道或环保的条款。德国成为第一个保护狼和其他肉食动物的欧洲国家。[23]并彻底禁止在乡村设置捕猎狼等肉食动物的广告牌。[24]

赫尔曼·戈林——希特勒的二把手，拥有“德国森林之主”和“德国狩猎之主”的头衔，并有权出于保护目的占用土地而不用补偿所有者。[25]1935年，在一个狩猎节上，戈林说：“我们习惯认为德意志人民是永恒的，森林就是最好不过的形象。”[26]

除了约瑟夫·戈培尔等明显的例外，更多纳粹分子都强烈反对城市，并认为德意志人民从森林中汲取力量。[27]在所有职业中，林业工人的纳粹党党员占比位居第二,仅次于兽医。[28] 海因里希·希姆莱统领下的党卫军中致力于研究的分支机构“祖先遗产”计划展开一项大规模研究，专门研究德国人与森林之间的关系，包括 60 多卷内容，不过最后并没有产出什么成果。[29] 该项目将据称是原始森林一部分的地区宣称为德意志遗产，为帝国主义目标服务。纳粹计划将其征服的大片领土（包括几乎整个乌克兰）“德意志化”，并重新造林。[30]

德国文化激进联盟于 1936 年出品了一部轰动一时的纪录片《永恒的森林：自然在第三帝国的意义》，通过交替呈现自然与德国（日耳曼）的历史场景，将德国人民与森林联系在一起。

影片开始展示的是异教徒的仪式，如在森林中围绕五月柱跳舞。随后的场景显示了日耳曼武士、条顿骑士和普鲁士民兵在森林中进行的战斗。[31] 森林在魏玛共和国时期被呈现为商业剥削,但在纳粹统治下复苏了,最后一幕是在森林树冠下庆祝五朔节的盛典。[32] 影片要传递的信息是德意志人民将永远胜利,就像他们的出身地森林一样。[33] 说来讽刺的是，电影中放映的一个地区在一场战斗后重新造林时种下的并不是本地树种，而是整齐划一的云杉，这种云杉大约从 18 世纪初才受到青睐。

尽管劳尔·希尔伯格和理查德·奥弗利等许多杰出学者都曾写过纳粹时期和大屠杀的著作，但这个时期如今仍被半压抑，被各种创伤和敏感性所包围，这会导致很难或不可能讨论其具有建设性的一面。政治冲突中的各派都讽刺纳粹运动，无论他们倡导的是什么，都将纳粹树立为自己所倡导的事业的对立面。然后，他们又把所有相反的迹象都斥为纳粹的宣传洗脑。但是这样的争论让我们陷入了无休止的循环，我认为环保主义者应该坦然承认纳粹确实与他们有一些相同的观点，尤其是在为了保护这些观点不被进一步滥用方面。纳粹将国家权力等同于自然世界，这一传统至少可以追溯到查理曼时期。希特勒在 1933 年时说:“人类永远不应该错误地认为自己已经真正成为自然的主宰。”[34] 他说出这样的话,不是出于谦逊,而是为了从自然的角度来确认自己统治的合理合法。那个历史时代最好的教训可能是自然是没有人的脸孔的。

与此同时，大多数左派，尤其是布尔什维克，普遍认为对自然和森林的关注是多愁善感、放纵和逃避现实的。[35] 贝托尔特·布莱希特在他的诗《致后人》中写道："谈论树木几乎是一种犯罪，因为这等同于对不公正保持沉默！"[36]

1980 年前后，西德的绿党刚刚成立，许多人担心它会走向法西斯主义的复兴。[37] 然而森林保护不仅在左派中完全受到尊重，而且成为一项基本原则。这一转变完成得如此彻底，以至于大多数人完全忘记了森林与政治右派的长期联系。

反转的一个显而易见的原因是左派人士对气候变化及其带来的危害的意识增强。另一个原因是右派是受反现代主义驱动的，尤其是在保护森林方面。历史学家通常将现代界定为 1800 年至 1950 年，但在相当长的一段时间里，这个状态似乎会永恒持续。然而只要有人类存在，每一代人都会比上一代人更"现代"，更不传统。今天，现代主义正在迅速成为过去，成为怀旧的对象。但是，在左派看来，现代不断地与奴隶制、殖民主义、厌女症、种族灭绝和环境破坏联系在一起，且联系日益紧密。

今天，在所有欧洲民主国家都有像德国绿党这样的党派，甚至在美国也有一个小型的党派。如今，他们已经是政治舞台上为人熟知的一部分，不再显得特别激进。他们都被视为左派或中偏左派，很明显，最初对他们的担忧被夸大了。然而，像纳粹德国那样的生态法西斯主义的复兴——可能来自右派、左派，或者最有可能来自两者的结合——确实是有可能的事情。如果与气候变化相关的问题越来越严重，而民主政府继续表现出无力应对这些问题，这种情况可能就会出现。有一种可能的情形是，那些最坚决地否认人类引起了气候变化这一现实的人可能会突然意识到这一点，并坚持认为只有通过专制控制才能解决这一问题。不过，我认为即便出现这种情况，生态法西斯主义依然会失败。

导致气候变化的森林砍伐并不是我们能够简单解决然后就忘记的问题。它植根于极其复杂的文化、历史、经济、技术和法律环境形成的纠葛之中。[38] 建设性地解决这个问题不仅仅需要魅力领袖的大胆举措，而且需要在许多层面上进行有机的调整和协调，而这些调整和协调的方式实在太多又太微妙，并不是听命令照办就能实现的。我们必须尽量不那么像军队，而要多像森林。

弗朗西斯·夸尔斯，《象形符号XⅣ》，选自图书《徽记》（1696年）。火焰和落叶是两个传统的象征短暂的形象。

15　森林中的河流

过去从不死去，甚至不会过去。

——威廉·福克纳

时间看上去完全真实，但又完全不可捉摸。你无法把它储存在罐子里，也无法用手指指向它。哲学家迈克尔·马尔德深入研究了植物是如何挑战我们身份观念，从而挑战我们试图理解世界时所凭借的基本本体论。他写道:“植物生命的意义在于时间。”[1] 植物将时间表达为其季节性的循环周期、以年轮记录的有规律的生长以及萌发和腐烂的模式。

无论春花还是秋叶，植物一直都是短暂的象征。从日本的俳句到文艺复兴时期的十四行诗，植物都被用来提醒人们，人类的成就不会永存。以莎士比亚十四行诗的第 73 首开头几句为例:

在我身上你或许会看出时间，
当黄叶，或完全消失，或仅余零星，
挂着它们的树枝在寒冷中颤抖，
昔日美丽鸟儿吟唱的歌台几成残迹。[2]

在历法和人们用来衡量时间的无数设备出现之前，人类对时间的认识大多来自植物，如今在抒情诗中依然如此。

我们可以用钟表测量时间，但我们构建时间就和构建其他事物一样，用的是图像。在森林中没有直线，因此要将时间或其他任何事物理解为线性的很难。线性理解是到了城市中才渐渐出现的，也许最主要是出现在琐罗亚斯德教和亚伯拉罕信仰的传统中，它们将时间视为善与恶的最终决战。时间就像一块笔直的木板被锯成两半——城市代表未来，而森林代表过去。现在是两者之间的空间。森林的每一个传统形象都是对过去的重建。森林像过去一样，充满了秘密，它可能会囤积、释放或销毁这些秘密。中世纪的森林是一段充满奇迹冒险的过去；洛可可的森林是一个色情无处不在的时代；哥特的森林是一种深刻信仰的时代；丛林是原始而暴力的时代。

我列举的人们理解森林的方式五花八门，但它们有一些共同点。在传统观点中，从皇家狩猎区到洛可可森林，森林都是一种神话式的过去，它与去神话化的现在形成了对比，无论是好是坏。在所有理解中，森林世界都是万物有灵，与西方文化中人本主义的主流观点形成对比。如果人们将过去视为丰饶的时代，森林就会被色情化，就像洛可可艺术中那样。如果认为过去令人恐惧，森林就会变得幽深黑暗，就像许多欧洲童话故事那样。事实上，西方对森林的每一种描述都是一种对原始状态的不同理解方式。

将时间划分为未来和过去是与其他二元对立密切相关的，例如文明与野蛮、人类与自然、秩序与混乱、理性与疯狂。人们把希望自身不曾拥有的特征向外投射到森林中，比如“野性”，同时又试图将森林的“古老”等特质据为己有。我所说的这些森林理念，与其说是社会建构的，不如说是诗意建构的，因为它们主要反映的不是不同人类之间的关系。而是关于人类自身的陈述，要放在与相当神秘的另一个自我的关系中来理解。每一种对森林的概念都是一种宇宙观。

人类的管理和耕作几乎和森林本身一样古老。我们所知的文明的扩张需要频繁地砍伐森林，这不断产生并重申了对某个模糊想象的原始世界的怀旧情绪。随着物理森林日益客观化，文学森林日益精神化，照管森林日益技术化，森林的形象则日益不现实，日益浪漫化。

人们普遍认为森林几乎是超越历史的地方，是人类开始的地方。它是一个固定的点，人类可以用它来衡量自己已经走了多远。在莎士比亚的戏剧《麦克白》中有一个早期迹象表明这种情况开始发生变化，至少在少数人看来是如此。剧中，怪诞的女巫三姐妹对麦克白说：

> 麦克白永远不会被人打败，除非
> 从伟大的伯纳姆树林到高耸的邓斯纳恩山
> 都来对抗他。（4.1.105—7）

麦克白认为这意味着他是不可战胜的，因为那种情况永远不可能发生。当马尔科姆率领入侵大军攻打麦克白时，他告诉部下每人从一棵树上折一根树枝，行军时举着树枝，以掩盖他们的人马。一个仆人向麦克白报告树林开始移动了，于是篡位者很快就被推翻了。森林不再像麦克白想象的那样，属于一种不变的秩序，而是会发生改变。然而，至少直到最近，森林仍然代表着一种潜在的永恒状态，一种值得保护、逃离或回归的东西。

森林的昨天与今天

今天的林业是一门技术性很强的学科，几乎所有可以量化的东西都被量化了。森林的描述和记录是基于树木的密度、直径、物种组成、年龄等各种特征的统计数据。林业专业人士可能只会偶尔顺带提及更偏情感的或美学的因素，但它们始终处于背景中，并且以不显眼的方式推动着讨论。林业人员也会认真谨慎地记录树木所有可能的用途。在我居住的纽约州，这些用途包括但不限于木材收获、养蜂、枫糖加工和种植香菇——仅列几项供参考，现在又增加了一项——碳封存，这一问题的紧迫性令所有其他作用都变得无足轻重。

从那些热爱森林的人的角度来看，碳封存的好处也是迄今为止最不明显的。这种价值从地区尺度方面无法直接感受到，在短时间内也无法看到。如果我们在森林中漫步时，稳定气候的艰巨任务进入意识中，那也只是在更接近神话的层面，而非直接的现实层面。我们可以假想树木在某种意义上是有感情的，但不知道它们看到了什么或听到了什么。我们知道它们不断地交换信息,但无法解读或翻译那些信息。我们知道它们正在帮助稳定全球气候,但并没有直观地看到这个过程。然而无论如何，碳封存为保护森林提供了一个理由，有时甚至是一个借口，这会唤起超越邻里、地区或国家边界的共鸣。

今天，森林砍伐的速度远远超过了历史上其他时期，甚至超过保罗·班扬的故事中所记载的北美疯狂砍伐树木时期。在欧洲和北美的温带地区，砍伐森林和重新造林的速度现在已经大致稳定下来。几乎所有的森林损失都发生在拉丁美洲、非洲和亚洲的热带地区。[3] 2021 年热带地区失去了 8000 万英亩森林,面积大约相当于比利时全境面积。[4] 但是北半球富裕国家需要承担的责任至少和热带国家一样大。北半球富裕国家对木材和农产品的需求是森林砍伐的主要原因。

大约直到 20 世纪最后二十五年,保护或恢复荒野的理想一直主导着自然保护工作，尤其是在美国，至今这种理想仍然很有影响力。实际上，这经常成为人类对自然过程进行更积极干预的理由。大多数时候，它采取的形式是根除入侵物种或重新引入本地物种。有时，这些努力非常成功。例如黄石国家公园重新引入狼，成功促使植物生命复兴。但有的时候，生物学家会向景观喷洒除草剂或将有毒物质注入河流中，在无意中将本地物种和新物种一起杀死。[5]

当环保主义者试图恢复生态的时期更久远时,干预可能会更激烈。例如，乔治·蒙比尔特在他的著作《野性》中提议让英国大部分地区恢复远古时代的生态系统。由于远古时生活的许多动物现在已经灭绝,这将涉及引入它们的亲戚，如狮子和大象。这一计划将同时消灭“入侵”物种，如绵羊。蒙比尔特否认自己试图重现过去的特定景观，他说自己希望创造一个更具活力、更自然的景观，但旧石器时代的过去显然是他的模板。[6] 我担心出现实现这一愿景实际上会与他希望实现的目标截然相反的结果。即使是最近才在野外灭绝的物种，如百灵鹤和加州兀鹫，在重新引入后也需要进行广泛的训练、持续的观察和定期的毒物检测。狮子和大象需要受到严密监控，恢复后的丛林里将布满隐藏的摄像头。这一计划可能会把英国变成一个野生动物园。

虽然绝大多数环保主义者支持消灭许多入侵物种，但也有少数人持反对意见。弗雷德·皮尔斯在他的书《新荒野》中提出，我们应该支持或者至少接受野生动物的全球化，这最终将促成更进一步的多样性。他认为，尽管入侵物种最初可能会爆炸性地传播，但最终也会达到一个自然极限，因为它们能获得的资源会变得稀缺，被捕猎的对象会找到防御手段，而能捕食它们的天敌会繁殖增多。他举的一个例子是蔗蟾，这种蟾蜍最初于1935年被进口到澳大利亚昆士兰州，目的是让它们去吃损害甘蔗作物的甲虫。它们很快就消灭了多种昆虫、蜥蜴和其他野生动物。人类试图根除蟾蜍的努力收效甚微，但正如皮尔斯的说法，其他动物最终学会了将蟾蜍控制在一定数量范围内。蟾蜍头部的毒腺能保护它们免受肉食动物的侵害，但从乌鸦到鳄鱼等多种捕食者都已经知道如何在吞食它们的肉时避开有毒部位。[7]

类似的争议也出现在我们的森林面临的其他现代问题上，例如野火的破坏性越来越大，大量鹿啃食嫩芽妨碍了森林再生，当然还有气候变化。所有这些问题在很大程度上都是由人类造成的。这是否意味着人类现在应该退出森林，尽可能少地干预而让自然接管呢？还是意味着人类应该更积极地干预以消除我们造成的损害？这一困境没有简单的答案，但几乎所有科学环保主义者都认为，现在需要人类干预来阻止我们的森林被进一步破坏。

我的看法也是如此。毫无疑问，地球上的生命最终将从当前的物种灭绝和气候变化的危机中恢复过来。在过去，它曾经从数次大灭绝和地质剧变中恢复过来，其中一些甚至比目前对生物多样性最悲观的预测都还要糟糕，不过恢复的过程花费了数百万年。此外，不干预的理念似乎预先设定并强化了人类与自然世界之间的明显分离。这至少是极难维持的，而且会让我们陷入永恒的疏离感中。相反，我认为人们需要在自然世界中找回自己的位置。人类对环境的影响可以是良性的，就像欧洲人到来之前的美国东北部一样。

正因如此，我与一些朋友的看法不同，我支持谨慎地、有判断地砍伐森林。在很多时候，伐木是必要的，可以打开森林中闭合的树冠，让新生的树苗接收到阳光。当需要限制树上病原体的传播或防止某个树种优势过重时，可能也需要伐木。除此之外，我认为伐木以及相关活动有助于确认我们与自然世界的联系。如果有人拥有一张纹理精美的木制茶几或一个木碗，那么它将永远提醒人们是森林造就了它。

后现代森林

让·弗朗索瓦·利奥塔尔在著作《后现代状态》(法文版出版于1979年）中称“宏大叙事”已经终结。他所说的“宏大叙事”主要是指我们通常所说的“意识形态”，是经过美化的关于科学或民主等制度的历史，旨在激发公众的支持。[8] 有一段时间，宏大叙事终结的理念本身成了一种“宏大叙事”。“后现代主义”成了继20世纪初“未来主义”之后最时髦的学术流行语，但它的生命力十分持久，并没有随着宣传热潮消退而消亡。对一些人来说，放弃宏大叙事已经成为只关注狭隘专业的理由，但都是彼此孤立的，所以微不足道。我反而希望它能成为应用一个覆盖面更广泛且更灵活的结构的理由。各种各样的文化现象可以被融入一个有机的统一体中，这个统一体不太像是精神分析或共产主义那样的体系，而更像一首诗。

统治林业的宏大叙事一直是“顶级状态”，据说，如果人类不加干涉，任何森林都终将走向这种状态。更宽泛地说，是一种人们可以保持或回归的永恒的“自然状态”理念。[9] 这基本上是“处女林”或“原始森林”的一个版本，也就是说森林是一个纯粹的自然产物，没有人类的事情。这一概念可以激发崇敬之情，这样的森林在传说中曾经被辟为圣林、皇家狩猎场或国家公园。“处女林”的概念也会激发侵略性，经常成为色情化的征服对象。

这一概念现在被广泛否定，留给我们的是可能会被称作“后现代林业”的概念。“森林代表某种不变的秩序或平衡”已经被21世纪的森林学家和科学环保主义者放弃。不管有没有人为干预，森林的组成都在不断变化。火灾、猛烈的暴风雨和海狸水坝引发的洪水等干扰事件不再被简单地视为需要避免的事故，而是森林生长和适应过程的一部分。森林学家试图模拟这种干扰的影响，主要是通过有判断地砍伐精心挑选的树木。[10] 特别是在美国，森林学家们正在试验通过可控的火灾来清理地面覆盖物，释放养分，并预先阻止将来可能发生的更猛烈的火灾。[11]

但是，即使否定原始森林的理念，我也不是打算要揭穿什么真相。这一理念促生了很多重要的文学作品：从维吉尔的《埃涅阿斯纪》、但丁的《地狱篇》到中世纪传奇和格林童话。它启发了卡斯帕·大卫·弗里德里希和托马斯·科尔等画家。他们的作品不会突然失去魅力。森林仍然是原始的混乱、奇迹、恐怖和希望的象征。但是仅将原始森林置于人类进化的神话开端这一做法，我们就设下了历史与史前、人类与自然、文明与荒野之间的屏障。

我们一直都在不断地构建一个理想的原始森林，但随后又以进步的名义破坏这样的森林。这是一个仪式性的循环，在现代尤为明显，因为人们不断寻找看似未被染指的荒野来砍伐它，哀悼它，再试图重建它。这种连续剧可以一直追溯到《吉尔伽美什》中的文明开端，在现代似乎变得更加明显。森林变成了一种祭品。这个过程像宗教仪式一样，有助于肯定我们的价值观。但它所涉及的破坏规模已使其不可持续。但只要我们将森林与我们常常希望逃离的过去联系在一起，这种模式就可能会继续下去。

一片森林的特点至少和它的生物组成一样多。要说清楚森林和"林地""丛林""树木公园""沼泽""树木繁茂的牧场"等之间的物理差异是不容易的，实际上甚至可能没有什么差异。我们还应该记住，景观是高度个性化的，不一定完全符合我们预想的类别，就像人类的个性不一定符合一系列标准类型一样。

关于森林，尽管人们给出了各种各样的定义，但至少在过去几百年的时间里，"森林"的概念通常被理解为是与原始荒野相关联的一种理想类型。如果我们拒绝把它作为一种典范，那有什么能取而代之呢？一种可能性是将森林视为一个有机整体，类似于单个动物或植物，但它由无数物种组成，这些物种彼此之间不断交流。我们甚至可以把森林想象成一个巨大的头脑，而我们人类漫步其中，只是头脑中的想法而已。

迄今为止，如果说有什么理念取代了恢复林业中的"自然平衡"的地位，那就是复杂性。当富饶的森林几乎遍布整个美国东北部时，一个栖息地与另一个栖息地之间的过渡可能是渐变的、很不明显的。现在，森林越来越破碎、越来越不健康，物种的分布范围需要集中在更小的区域内。现在的目标是在一片森林中拥有尽可能多的多样化。就树木而言，这意味着覆盖范围广的物种、年龄、高度、层次等。[12] 收获后，一些树干和树枝应该留在地上，为寻找掩护的动物提供空间，为昆虫提供食物来源。叶子和其他腐烂植物的遗骸也应该留下来为蠕虫、甲虫和真菌提供栖息地。各种各样的栖息地是必须的，因为鸟类筑巢的环境不一定是它们觅食的环境。例如，猩红丽唐纳雀在成熟森林中繁殖，但在其他时候更喜欢栖息在幼林的林下植物中。

我很乐意暂时接受复杂性作为组织原则，但我不认为它足够精确，可以提供很多科学指导，也不认为它足够鼓舞人心，可以激励几代人。它没有“原始”森林或“顶级”森林那种神话般的共鸣。此外，当代生活已经足够复杂，人们很可能渴望简单。但是，就像森林本身一样，我们对它们的神话般的印象也在不断演变。

不一定必须采取单一的保护战略，采取一系列相互竞争的方法可能会更有帮助。目前，在我居住的纽约州，74% 的林地由个人和家庭私有，平均每个地块的面积约为 20 英亩。[13] 所有者保持他们的森林，与其说是出于商业原因，往往不如说是为了娱乐消遣、个人原因和环境原因。因此，他们采取了各种各样的方法来保护森林，既有简单地放任不管，也有非常积极地干预。我们能够从所有方法中学习，特别是通过比较它们所取得的结果。

就目前而言，森林管理最具地方针对性的专门目标可能是最可靠的，如保护特定的树木、蜥蜴或鸟类。纽约州的一些森林被管理来为蓝林莺提供其所需的高度特别化的栖息地。从长远来说，我的希望是，在拒绝原始状态的概念时，我们可以不再受想象的过去支配，而是更开放地接受森林的当下之美。

人类中心主义

严格线性的时间观与人类中心主义密切相关，因为人类中心主义历来认为“人”是进步的中心、推动力和顶点。基于几个理由，我们现在应该拒绝这种观点。首先，如果把人类作为梦想、希望和愿望的唯一焦点，我们就会给人类带来巨大的负担。我们注定要不断失望，这最终会导致厌世。其次，人类中心主义极大地限制了我们的想象力，从而限制了我们拥有快乐的能力。此外，人类的身份认同是几千年来逐渐形成的。它甚至无法脱离帮助我们提供概念、符号和模型来描述它的许多其他物种而存在。我们的文化都是基于此，比如，我们的情人节卡片上总是有鸟和花。但拒绝人类中心主义最有说服力的理由也是最简单的。它本身就没有多大意义。

然而，我认为超越人类中心主义远没有我的一些朋友和同事想象得那么简单。首先，我们生长在一个千百年来一直充斥着人类中心主义观点的社会中，我们不能随意抛弃它们。它们甚至隐含在我们的语言中，在很多方面我们甚至很难意识到它们的存在。

此外，从人类中心主义的角度来看，至少道德决策会更简单。做出决定的最高尚的理由曾经是预期它能造福人类。我们知道——或者至少通常认为自己知道——什么对人类有益。至于哪些对其他生命形式有益则了解不多。我们可以通过假设这些利益与我们的利益相同来简化问题，但这种假设本身是深刻的人类中心主义。此外，在我看来，诸如生物中心主义、盖亚中心主义和生态中心主义等各种替代方案的表述仍然非常不完整、不完善。

最后，我们不应将超越人类中心主义视为灵丹妙药。以生物为中心的观点并不能保证我们会善待其他形式的生命，就像以人类为中心的观点不能保证我们会善待人类同类一样。一方面，专制赋予某些人比其他人更高的地位，但这与人类在宇宙中的地位没有多大关系。正如我们所见，欧洲中世纪晚期的国王并不是以人类为中心，因为他们认同自然世界，但他们往往觉得林地树木和动物比农民更有价值。纳粹不以人类为中心，因为他们的世界不是以整个人类为中心，而是以生物群落为中心，包括一些动物和植物，但排除了许多人类。[14]

总之，我们这些研究人类与自然世界关系的人有我们的工作要做。我们现在在林业中看到的对多种生命形式繁荣发展的重视，似乎有可能代表了人类文化的根本性变化，而这种变化是过去几百年或上千年中很少出现的。人们以前经常宣布巨大的范式转变，结果只发现文化又回到了以前的某个状态。互联网的出现起初看上去开创了人类平等的新时代，而现在许多人担心它可能反而造成了巨大的破坏。

有许多重大变化是几乎没有人能预料的，我现在也只能欣赏这样的变化，因为我已经年过七十，这是传统的人类寿命数值了。我记得博物学的教学曾经是多么以人类为中心。从海藻到三叶虫，所有早期生命形式的存在都是为了给人类的胜利亮相创造条件。我们学习到他是如何蜕掉鳞片、爬上海岸、发展出温暖的血液、学会直立行走、掌握火、种植田地并从事文明的伟大工作的。尽管一些生物学家仍然认为，人类形态的某种近似可能是不可避免的，但将自然历史的中心围绕着人类（尤其是欧洲人）出现的做法已经不再是公然公开的。

直到 20 世纪 60 年代，人们还普遍认为人类社会是以线性方式发展的，大多数土著文化，如俾格米人或澳大利亚土著，都是“落后的”或“原始的”。这一范式受到了弗朗茨·博厄斯和克劳德·列维 – 斯特劳斯等许多人类学家的质疑。从美洲原住民到桑人中的昆部人，许多民族都被认为是“自然”人类的代表，他们有史以来从未变过，但随后的研究表明，他们都是复杂文化发展的产物。[15] 人类文明的轨迹仍然是遵循线性的方式和西方的模式来思考的，划分成农业发展、城市出现、工业革命等几个固定阶段。根据一个基本上没有言明的技术决定论的观点，当农业取代狩猎和采集时，人类社会发生了重组，迫使社会以更等级化的方式构建人类关系。最近，大卫·格雷伯和大卫·翁格罗在《万物的黎明》一书中对此提出了怀疑。[16] 森林和人类社会一样，从来都不是“处女的”或“原始的”，而是持续的环境演化的产物。

今天的物理学家们认为时间是一种幻觉，[17] 不过，如果是这样的话，它也是一种不容易被抛弃的幻觉。从某种意义上说，森林可能仍然代表着遥远的过去，代表着文明开始之前的时代，但它被折叠融进了一种永恒的当下。时间不再有向前或向后之分，因此不再有政治上的左（面向未来）或右（面向过去）。可能性的范围大大扩展了，而且常常令人困惑。其他的二元对立也在瓦解，例如文明和野蛮之间的二元对立。

基本上，时间是一种基于反复的节奏模式，而我们用时间来组织整理我们的经验。组织方式是相差很大的，这取决于我们标记时间的方式，比如通过手表的指针，放射性元素的衰变，太阳、月亮、树叶颜色的变化或树木的年轮。各种动物和植物对时间的理解必然是非常不同的。我的建议是，我们要认识到时间只是给事件分类的众多方式中的一种而已，要认识到时间会有相当多的变体。森林可能会告诉我们该怎么去认识。

弱化线性的时间观的一个缺点是，这会令个人在构建个人身份并找到自己在宇宙中的位置的努力变得非常复杂。我们构建个人身份，主要是通过故事，这些故事通常有开头、中间和结尾。在过渡不稳定的情况下这就更难了。弱化线性的时间观的一个好处是死亡不再那么可怕。在天然混合森林的植被中，即使枯木也是活的，因为它可以成为昆虫、啄木鸟、苔藓、地衣、真菌、藤蔓等各种生命的宿主。倒下的树的根部可以继续将养分传递给其他植被。死亡无处不在，但它不是生命的对立面。两者不可分割地融合在一起，因为生命呈现出无穷无尽的形式。

或许最好的描述时间的形象是前苏格拉底时代的哲学家赫拉克利特提出的，他把时间比作一条河流。但是我们要记住，河流，尤其是森林中的河流，从来都不是笔直的。它也不会以恒定的速度流动。水流必须绕过岩石，必然在垂落为瀑布时加速。水的表面可能会形成漩涡，底层也可能会倒流。它可能会聚集在河岸旁边的滞水池中。它因蒸发而减少，因雨水而增多。河岸会变窄，也会扩张。在我住的地方附近，哈得孙河经常随着潮汐改变方向。

这个隐喻所蕴含的时间观不是明确的循环、渐进或熵。这是生命经验的时间，而不是手表的时间。事实上，我们并不认为时间是一个稳定的过程，从过去经过现在再到未来。我们不仅仅活在当下；我们也不能只为未来而活。我们甚至不能设想一个时间阶段与其他两个时间阶段分离开来。它们通过记忆、感官强度和期待交织在一起，不可拆解。时间是一条蜿蜒的河流，有许多岛屿和附属部分，而不是一条钢筋混凝土做河床壁垒的笔直运河。即使到达大海，它的水流也不会停止。

尾声

去森林就是回家。

——约翰·缪尔

中世纪晚期的国王们并不是他们的狩猎保留地的真正主人。在17—19世纪的英国，绅士也不是他们乡村庄园的主人。这些都是精心培育的幻觉，是精心设计的公众假面舞会的舞台布景。事实上，人类干预森林环境的结果最多只能大致预测。不过，承认了这一点，我们便开启了成为景观参与者的可能性。森林是一个连人类都可能加入的社区。它不需要我们有渊博的知识或高深的智慧。它只要求我们愿意和那个领域中的其他公民站在一起。

不久前，我参加了纽约州环境保护部的一门课程，成了他们所谓的"大师级森林主人"。这个称号可能会让读者产生有点过于宏大的印象，自然，它给我的印象也是如此。我很难把自己想象成一个主人，更不用说把自己想象成一个大师了。但我很欣赏这个项目，并为能成为其中一员而感到自豪。环境保护部向我推荐拥有林地的人。应他们的要求，我到他们的林地中走一走，并就如何环保地管理林地提出建议。

第一次的时候，我一开始感到非常胆怯，但我很快发现我在提供指导方面其实并不赖。我学过一些林业知识，不过我的知识完全比不上专业林业人员。我所拥有的优势是我个人的经验，这令我能够对其他业主的困境感同身受。我曾经并没有意识到，不过这次发现了，拥有林地的人不一定富裕，但森林会怂恿人去实现远大的梦想，这些梦想很容易就超出他们的能力。我知道我们必须做出的艰难选择，既要理智上说得过去，也能满足自己的情感。

我所面临的困境有一些高度个人化的东西，因此是不可预测的。其中一桩是我森林里的一棵大山毛榉树带来的，我真的很喜欢这棵树，但它的树冠几乎是闭合的，阻挡了光线，而这个地方对于野生动物来说很重要，这是两条溪流的汇合处。我在这片土地上走过无数次，听不到什么鸟叫。除了鹿之外，几乎看不到什么动物。我本可能会把这种缺乏归因于自己的感知能力不足，但我记得童年时那片土地的样子。你会看到溪流里的每块大石头上都有一只龟在晒太阳。我清楚地记得，我沿着溪流而上，看到两只大蓝鹭，它们威严地站立了一会儿，然后飞走了。龟已经几十年没有出现过了，鹭也早已不见踪影。一个重要问题是森林的树冠已经闭合，几乎没有阳光。几乎没有地被植物和下层植被。由于那片地大部分都在一个小斜坡上，这意味着肥沃的土壤会不断被暴雨冲刷走，因为没有东西来保持水土。

山毛榉树结出的坚果是野生动物的果实，但果实数量并不像橡树等其他树木那么多。山毛榉的叶子需要很长时间才能分解。落叶对蠕虫、蟾蜍和其他小型生物很有好处，但会阻止其他植物的生长。我本可以继续了解研究，人总是能不断了解到更多信息，但是，过了某个点后，信息只会变得更技术化，而不会更有用。必须做出决定了，我下令砍掉了山毛榉树和附近其他几棵树。

之后，树林看起来很糟糕，就像通常收获木材后一样，树桩孤立着，光秃秃的原木凄惨地躺在地上。我感到悲伤，但没有失去信心。那是秋天，我在新清理出来的空地上播种当地野花的种子。冬天，我把鸟食撒在雪地上，搭建鸟屋。第二年春天，证明我之前的做法正确的第一个迹象出现了，以前只有泥的地方出现了大量的青草。更让我高兴且知道自己的决定是正确的是一场雨后不久我去了那片地。伐木后生出的小草地上有一个大水坑，里面有数百只蝌蚪。然后我又看到了其他几个水坑，也都充满了生命力。最终，我听到的鸟鸣声也多了起来。

在消失很久之后，红耳龟和鳄龟都又重新出现在这片土地上。今年春天我遇到了一只林蛙。当冬天来临时，这些两栖动物会在树叶覆盖的地方挖洞居住。它们的呼吸和心跳都会停止。然后，第二年春天，

作者产业上一条溪流边的林蛙。这种动物在冬天会彻底休眠，甚至心脏都会停止跳动，但在春天会复苏过来。

随着土地的复苏，它们解冻、复活，并很快准备繁殖。可能这也是对土地的隐喻，土地也已经复活。我也许能说这是一个美好的大结局了，但对森林来说，这根本不是结局，可能只是持续数百年甚至数千年历史中的一段插曲。

每当经过那棵被砍了的山毛榉树留下的树桩时，我还是会感到有些悲伤。我在等待它被地衣和昆虫覆盖的那一天，换句话说，等待它再次焕发生机的那一天。山毛榉的根蘖能力很强，因此通常能够占领一片地方，尤其是被砍伐后。不出所料，一些新芽已经破土而出。在有小草地和更多阳光的那一侧，它们无法与枫树和橡树竞争。河边上阳光较少的地方，一些嫩芽可能会存活下来，但它们不会大出风头，至少在很长一段时间内不会。

对于农村人来说，这样因为一棵树而痛苦有时看上去很奇怪，一些人会嘲笑城里人在做出砍树等决定时倾注的感情。农民，至少是传统的农民，更习惯生死，因为他们经常在家养和野生的植物和动物中观察到生死。我认为，他们对自然的理解与城市人的精神性其实差不多，但他们对个体生物的关注较少，而更关注整个自然的节奏。

在这本书的开头，我写道，就语言而言，穿越森林就像回到了过去，在那个时代，意义不是词语独有的，而是遍布于一切之中。也可以说语言并不限于人类。植物和动物通过声音、动作、化学物质等不断地相互传递信号。我是这一过程的一部分，因为树叶在我脚下粉碎的声音，我汗水的气味，绊在石头上轻微的踉跄，以及恢复平衡时挥动的手臂，都发出了信息，而我自己几乎没有意识到。我是一个句子，森林在用它和自己对话。

当树桩上的苔藓越来越多，当它的根又长出新芽，当它邀请蚂蚁、蛞蝓和啄木鸟到来，树桩中也有一种语言。它讲述了一个死亡与复生的故事。诗人可能会把它翻译成文字。画家可能会用线条和颜色来描绘它。但是我无法在任何字典中查到它的词语，也无法在任何图表中查到它的线条。我能做的是看它一会儿，然后继续向前走。

至少在这一点上，气候变化的影响并不完全是负面的。毫无疑问，最引人注目的部分是那片岛，面积为 16 英亩，完全被两条溪流交汇处的水包围。相对隔离使它自成一种生态系统，是野生动物的理想之地。然而现在，我可以看出它年复一年的地质变化，整个变化可能会持续几百年。过去两年降雨量增加，两条溪流交汇的整个地区变成了一个小湖，湖中有数个岛屿，岛上的树木开始发芽。水依然非常清浅，你可以看到河床上的每一块石头，大大小小都一览无余。也许我们正在看到一个不同种类的地貌形成，与我们有时颇具欺骗性地称为“人类世”或“人类时代”的时代相符。

我学到的关于森林的一些东西无法用严格的经验主义术语来表达。我知道一片从面积上说很小的森林对其所有者来说可能很大，而一片大森林可能很小。这和这本书的写作很相似。我有正规的思想史和文学的专业背景，也在民俗学方面做了大量研究，但在这里我已经偏离了自己的主要专业领域。我为自己辩解的理由是，在这个专业化的时代，大局往往会丧失于大量的细节中。而史诗般的问题要求我们以史诗般的尺度思考。用一句熟悉的话来说，我们不能只见树木而不见森林。

如今，大多数森林都面临着持续的威胁，如入侵物种、植物流行病、大规模鹿群和失控的火灾。此外，由于气候变化，北半球的温带森林可能很快需要在亚热带条件下生存。预计要面对更多的强烈风暴、干旱和更高的气温。最终，大自然能够适应，但变化可能会来得太突然，无法在不造成严重破坏的情况下完成适应。我们应该只是等着看会发生什么吗？我们应该开始在部分森林中种植可以适应较热气候的树木吗？我们是否应该妥协，采取适当的措施，比如减小树木的密度，让它们的恢复力更强？无论如何，我们逐渐发现，树木与我们共存曾经是人类独有的弱点。

我担心持续的压力可能会导致我们看不到森林的美丽。森林在维多利亚时代是逃离城市的避难所，而现在开始变得像众所周知的城市丛林。在森林里散步的危险比乐趣更容易写出来。危险可以被记录和监控，但美必须被不断重新发现。尤其是因为这个原因，诗人和艺术家的作品已经成为奢侈之物。我们需要它来提醒自己为什么保护森林的工作极其重要，尽管这项工作有时可能需要我们付出所有的努力，有时还充满了孤独和不确定性。

森林文化时间表

约公元前10000年	更新世末期，冰川消退，北美和欧洲大部分地区被云杉、冷杉和松树覆盖。
约公元前8000年	白桦树在北美和欧亚大陆北部变得很常见。山毛榉、橡树和枫树等其他树木也开始普及。
约公元前2100年	《吉尔伽美什》已知的最早版本苏美尔语版讲述了砍伐黎巴嫩雪松的故事及其后果。
约公元前1000年	栗树出现在如今的美国东北部，并逐渐成为最主要的树木。
公元前98年	塔西佗出版《日耳曼尼亚》，他在书中将日耳曼人描述为森林民族，这份文献后来对日耳曼人（德国人）的身份认同产生了巨大影响。
约800年	加洛林王朝的国王和贵族主张对森林的统治权，将森林置于法规之下，并将许多森林辟为狩猎保留地，这种做法逐渐被英国和欧洲其他王国的统治者采用。
约800年	玛雅文明达到顶峰，人口规模约3亿，然后开始迅速崩溃，原因可能是环境因素，之后中美洲的大型定居点被周围的森林重新掌控。
约1000年	在如今的加拿大和美国的林地印第安人中，开垦森林中的土地、种植玉米和大豆变得很普遍。
约1079年	英格兰的威廉一世打造了一片约71500英亩的新森林，作为皇家狩猎保留地。
约1150—1500年	在英国、法国、德国和欧洲其他地区，亚瑟王史诗大量涌现。在这些史诗中，神奇的森林成了奇幻冒险的背景。
约1320年	但丁完成了《神曲》，其中地狱之旅始于“黑暗森林”。

约1400年	地理大发现时代的开始，欧洲人将在这个时期航行到世界各地的遥远土地，这一过程将经常导致剥削、殖民化、森林砍伐、入侵物种的输入和疾病的广泛传播。
约1500年	纽伦堡的康拉德·策尔蒂斯重新发现了塔西佗的《日耳曼尼亚》，并利用它创作了一幅关于原始日耳曼森林的浪漫化图像。
约1600—1900年	在中国，砍伐森林以开辟农田的速度越来越快，最终除了偏远山区之外，森林几乎被完全砍伐。
约1650—1950年	北半球大面积的原始森林被砍伐，取而代之的是单一种植的速生针叶树，尤其是挪威云杉。这种做法始于普鲁士，但最终传播到北欧大部分地区，包括法国和英国。加拿大和美国也是如此操作。
1664年	在英国，约翰·伊夫林出版了《林业志》，一部关于树木栽培、利用和保护的指南。
1669年	法国路易十四时期的财政部长让·巴普蒂斯特·柯尔培尔为国家森林颁布了一部名为《水域和森林条例》的新法律，将森林置于更严格的监管之下，以保存木材用于军事目的。
1697年	夏尔·佩罗出版了《过去时代的故事与传说》，在这本书中，他将自己的大部分童话故事设定在洛可可风格的森林中。
约1700年	日本制定了规模浩繁的森林保护、管理和再植的政策。
约1700—现在	在北美，大规模森林火灾变得很常见。
1713年	萨克森的汉斯·卡尔·冯·卡洛维茨出版《森林文化经济学》，这被认为是第一部关于科学林业的作品，也是第一部阐明可持续性概念的著作。
约1710—1770年	让·安托万·华托、弗朗索瓦·布歇和让·奥诺雷·弗拉戈纳尔等法国宫廷画家用洛可可风格将大片森林景观描绘成嬉戏和求爱的场所。
1725年	詹巴蒂斯塔·维科在那不勒斯出版著作《新科学》，在书中他提出人类文明始于森林的理论。

1792年	在法国，为纪念法国大革命种植了6万棵树，主要是橡树，被称为“自由树”。
1812—1858年	雅各布·格林和威廉·格林的《家庭故事集》的七个不同版本令魔法森林的母题在德语地区变得十分流行。
约1825—1848年	托马斯·科尔成为哈得孙河画派的非正式创始人和领导者。这一画派致力于描绘欧洲人定居前的美洲原始景观的遗迹，并记录它们被逐渐破坏的过程。
约1850—现在	由于昆虫和树木病原体意外传播到原生地区之外，全球森林多样性日益减少。在美国，这些虫害和病害包括舞毒蛾（1869年）、栗疫病（约1900年）、山毛榉树皮病（1920年）、荷兰榆树病（1928年）、灰胡桃溃疡病（1967年）和白蜡窄吉丁（2002年）。北美的栗树完全被破坏。
1864年	加利福尼亚州内华达山脉约塞米蒂国家公园建立。
1884—1885年	西非会议于柏林举行，欧洲列强瓜分了非洲，英国和法国分得最大份额，导致非洲殖民化和随之而来的森林砍伐。
约1900年	在美国大部分地区，鹿，尤其是白尾鹿，因过度捕猎而濒临灭绝。
1914—1932年	加利福尼亚州红河木材公司的伐木工人和广告经理W.B.劳埃德出版了一系列宣传伐木工人保罗·班扬的故事的小册子，这些小册子歌颂了美国森林被破坏。
1936年	德国文化革命联盟发行电影《永恒的森林：自然在第三帝国的意义》，将德国人民的身份认同与森林联系在一起。
约1960—现在	北美和西欧的森林面积稳定或增加。然而，全球范围内热带地区森林被加速破坏，远远抵消了这一影响。例如：在尼日利亚和巴西，人们主要为了农业目的而故意烧毁或砍伐森林。
约1980年	第一个绿党在西德成立，为整个欧洲和世界大部分地区提供了效仿的模式。绿党强调保护自然，尤其是森林。

1995年	政府间气候变化专门委员会（IPCC）的第二次评估报告证实人类活动正在对天气和温度产生全球性影响。森林对碳封存的重要性得到了科学家普遍认同。
1997年	在日本京都召开的工业化国家会议同意减少碳排放。然而，美国参议院拒绝认可《京都议定书》。
约2000年	由于对狩猎的限制，鹿不仅在美国重新出现，而且可能比以往任何时候都更常见。
2022年	欧洲和北美出现了一波大规模的野火，地中海地区格外猛烈，部分原因是气候变得越来越温暖和干燥。

注释

引言　森林与记忆

1 Charles Watkins, *Trees in Art* (London,2018), pp.81-3.

2 Thomas Hardy, 'During Wind and Rain' , wwwpoetryfoundation.org, 2022 年 5 月 20 日访问版本。

3 Attorney A.S.Embler, *David E. Brundage and Wife to Bluma Sax* (Newburgh,NY,1933).

4 Hugh Canham, 'History of the New York Forest Owners Association, Part I' , *New York Forest Owner* (September/October 2021), p.4.

5 James H.Wandersee and Elisabeth E. Schussler, 'Preventing Plant Blindness', *American Biology Teacher*,LXI/2 (1999), p.82.

6 Frederic Edward Clements, *Plant Succession: An Analysis of the Development of Vegetation* (Washington, DC,1916), pp.102-7.

7 Jack Santino, *All Around the Year: Holidays and Celebrations in American Life* (Chicago, IL, 1995) , p.173.

8 Michael Williams, *Americans and their Forests: A Historical Geography* (Cambridge, 1992), pp.35,38.

9 Charles D.Canham, *Forests Adrift: Currents Shaping the Future of Northeastern Trees* (New Haven, CT, 2020) , pp.77-8.

10 同前 , p.76.

11 同前 , p.69.

12 同前 , p. 68.

13 Herman Hesse, *Trees: An Anthology of Writings and Paintings by Hermann Hesse,* ed. Volker Michels, trans. Damion Searles (San Diego, CA, 2022), p. 1.

14 Maurice Maeterlinck, *The Intelligence of Flowers*, trans. Alexander Teixeira de Mattos (New York, 1913), pp. 26-30.

1　木与叶

1 Richard Elton Walton, 'Deer Are Consuming the World' s Largest Organism, Killing Off Its Opportunity for Growth' , www.cnn.com, 29 November 2021.

2 Stefano Mancuso, *The Revolutionary Genius of Plants: A New Understanding of Plant Intelligence and Behavior*, no trans. given (New York, 2018), p. 91.

3 C. J. Turlings, John H. Loughrin et al., 'How Caterpillar-Damaged Plants Protect Themselves by Attracting Parasitic Wasps', *Proceedings of the National Academy of Science*, XCII (May 1995), pp. 4169-74.

4 Mancuso, *Plants*, pp. 216-17.

5 同前，p. 96.

6 United States Department of Health and Human Services, 'NIH Human Microbiome Project Defines Normal Bacterial Makeup of the Body', www.NIH.gov, 13 June 2012.

7 René Descartes, 'Meditations on First Philosophy', in *Descartes: Selected Philosophical Writings* (Cambridge, 2006), Meditation Six, pp. 119-20.

8 Michael Marder, *Plant Thinking: A Philosophy of Vegetal Life* (New York, 2013), p. 39.

9 Sara Black, Amber Ginsburg et al., 'The Legal Life of Plants', in *Botanical Speculations: Plants in Contemporary Art*, ed. Giovanni Aloi (Cambridge, 2021), pp. 29-47.

10 Virgil, *Aeneid*, trans. Frederick Ahl (Oxford, 2007), VIII, 314-25, pp. 194-5.

11 John Leighton, and James K. Colling, *Suggestions in Design* (New York, 1881), p. 55.

12 Nathaniel Altman, *Sacred Trees* (San Francisco, CA, 1994), pp. 73-80.

13 Alexander Porteous, *The Lore of the Forest: Myths and Legends* (London, 1994), p. 157.

14 Dennis Tedlock, trans. *Popol Vuh: The Mayan Book of the Dawn of Life*, revd edn, ebook (New York, 1996), pp. 158-69.

15 Vladimir Bibikhin, *The Woods*, trans. Arch Tait (Cambridge, 2021) p. 8; Marder, Plant Thinking, p. 66.

16 Corrine J. Saunders, *The Forest of Medieval Romance: Avernus, Broceliande, Arden* (Woodbridge, England, 1993), pp. 19-24.

17 Corina Jenal, *'Das ist kein Wald, Ihr Pappnasen!' Zur sozialen Konstruktion von Wald. Perspektiven von Landschaftstheorie und Landschaftspraxis* (Berlin, 2019), p. 38.

18 Peter Marshall, *The Philosopher's Stone: A Quest for the Secrets of Alchemy* (New York, 2001), p.29.

19 Eduardo Kohn, *How Forests Think: Toward an Anthropology Beyond the Human*, ebook (Berkeley CA, 2013), location 3890.

20 Pedro Pitarch, *The Jaguar and the Priest: An Ethnology of Tzeltal Souls* (Austin, TX, 1996), p. 1-59.

21 Kohn, *How Forests Think*, locations 166-9, 1849-70.

22 同前，p. 66.

23 Michel Foucault, *The Order of Things: An Archeology of the Human Sciences,* trans. not given (New York, 1994), pp. 70-73.

24 同前，pp. 417-22.

25 Brent Berlin, 'The First Congress of Ethnozoological Nomenclature', *Journal of the Royal Anthropological Institute*, 12 (2006), pp. 23-37.

26 同前, pp. 37-40.

27 Dante Alighieri, *La Divina Commedia di Dante Alighieri* (Milan, 1911), Inferno, Canto I, lines 1-6, p. 1. 英语译文为作者自译。

28 Charles Watkins, *Trees in Art* (London, 2018), pp. 150-51.

2 树的灵性

1 Aristotle, 'De Anima(On the Soul)', in *The Basic Works of Aristotle,* ed. Richard McKeon (New York, 2001), section 413 a-b, pp. 556-8.

2 Mary Douglas, *Purity and Danger: An Analysis of the Concepts of Pollution and Taboo* (New York, 1994), pp. 40-41.

3 同前, p. 54.

4 同前, p. 56.

5 同前, p. 11.

6 James George Frazer, *The Golden Bough: A Study in Religion and Magic,* abridged edn (Mineola, NY, 2019), pp. 324-84.

7 oseph Bruchac, *Native Plant Stories* (Golden, CO, 1995), p. xi.

8 David Attenborough, *The First Eden: The Mediterranean World and Man* (Boston, MA, 1987), pp. 140-41.

9 Carol Kaesuk Yoon, *Naming Nature: The Clash between Instinct and Science* (New York, 2009), pp. 50-51.

10 Francis James Child, ed., *The English and Scottish Popular Ballads in Five Volumes, vol. II* (Mineola, NY, 2003), verse 5 and 6, p. 4.

11 同前, verse 19 and 20, p. 285.

12 T. H. Philpot, *The Sacred Tree; or, The Tree in Religion and Myth* (New York, 1897), p.84.

13 Boria Sax, *Imaginary Animals: The Monstrous, the Wondrous and the Human* (London, 2013), pp. 216-17.

14 Anonymous, 'The Seeress's Prophesy', in *The Poetic Edda* (Oxford, 1996) trans. Carolyne Larrington, verses 19-20, p. 6.

15 Anonymous, 'Grimnir's Sayings', in *The Poetic Edda*, verses 31-4, p. 56.

16 Anonymous, 'The Seeress's Prophesy', 出处同前， verse 47, p. 10.

17 Anonymous, 'Grimnir's Sayings', 出处同前, verses 35, p. 57.

18 Anonymous, 'Vafthrudnir's Sayings', 出处同前, verse 45, p. 47.

19 Mircea Eliade, *Shamanism: Archaic Techniques of Ecstasy* (Princeton, NJ, 1974), pp. 272-3.

20 Nathaniel Altman, *Sacred Trees* (San Francisco, CA, 1994), pp. 78-9.

21 Vladmir Bibikhin, *The Woods,* ed. Artemy Magun, trans. Arch Tait (Cambridge, MA, 2021), p. 59.

22 Anonymous, 'The Dream of the Rood', trans. Michael Alexander, *The First Poems in English,* ed. Michael Alexander, ebook (London, 2008), Kindle locations 758-926.

23 Jacobus de Voragine, *The Golden Legend: Readings on the Saints,* trans. William Granger Ryan, 2 vols (Princeton, NJ, 1993), vol. II, chap. 37, pp. 168-73.

24 Maurice Maeterlinck, *The Intelligence of Flowers,* trans. Alexander Teixeira de Mattos (New York, 1913), pp. 10-11.

3 森林的神秘生命

1 John Burroughs, *Wake-Robin* (Cambridge, MA, 1900), p. xiii.

2 Philippe Descola, *Beyond Nature and Culture,* trans. Jamet Lloyd (Chicago, IL, 2013), p. 26.

3 同前 , p. 29; Daniel Cohen, *The Encyclopedia of Monsters* (New York, 1982), pp. 74-5.

4 Nathaniel Altman, *Sacred Trees* (San Francisco, CA, 1994), pp. 71-85.

5 Michael Williams, *Deforesting the Earth: From Prehistory to the Global Crisis, an Abridgement* (Chicago, IL, 2006), pp. 224-5.

6 David D. Gilmore, *Monsters: Evil Beings, Mythical Beasts and All Manner of Imaginary Terrors* (Philadelphia, PA, 2003), pp. 75-81.

7 同前 , p. 2.

8 Nigel J. Smith, *The Enchanted Amazon Rain Forest: Stories from a Vanishing World* (Gainesville, FL, 1976), pp.42-52, 178-9.

9 Michael Williams, *Deforesting the Earth: From Prehistory to the Global Crisis, an Abridgement* (Chicago, IL, 2006), pp. 224-5.

10 N.K. Sanders, trans., *The Epic of Gilgamesh* (New York, 1970), p. 63.

11 Andrew George, trans., *The Epic of Gilgamesh* (New York, 2016), pp. 1-21.

12 Lise Gotfredsen, *The Unicorn* (New York, 1999), p. 15.

13 13 Jeanne-Marie Leprince de Beaumont, 'Beauty and the Beast', in *Folk and Fairy Tales,* ed. Martin Hallett and Barbara Karasek, 5th edn (Peterborough, Canada,2018), pp. 128-37.

14 Sara Graça da Silva and Jamshid J. Tehrani, 'Comparative Phylogenetic Analyses Uncover the Ancient Roots of European Fairy Folktales', *Royal Society Open Science,* III/1 (January 2o16), p.8, https://royalsocietypublishing.org.

15 Cohen, *Monsters,* pp. 3-17.

16 John Ayto, *Dictionary of Word Origins: The Histories of More than 8,000 English-Language Words*

(New York, 1990), p. 374.

17 Wu Cheng'en, *Journey to the West*, trans. Anthony Yu, 4 vols (Chicago, IL,1980), vol. III, pp. 220-37.

18 Mark Elvin, *The Retreat of the Elephants: An Environmental History of China* (New Haven, CT, 2004), pp. xvii, 44-7, 78, 321-68.

19 Sophia Suk-mun Law, *Reading Chinese Painting: Beyond Forms and Colors: A Comparative Approach to Art Appreciation,* trans. Tony Blishen (New York, 2016), pp.74-93.

20 Peter Wohleben, *The Hidden Life of Trees: What They Feel, How They Communicate—Discoveries of a Secret World,* trans. Mike Grady (New York, 2006), ebook, locations 110-27.

21 同前 , p. 26.

22 Brian Morris, *Animals and Ancestors: An Ethnography* (New York, 2000), p. 226.

23 Chinua Achebe, *Things Fall Apart* (New York, 1958), p. 148.

24 Ben Okri, *The Famished Road,* ebook (New York, 2016), p. 19.

4 征服森林

1 Bertrand Hell, 'Enraged Hunters: The Domain of the Wild in North-Western Europe', in *Nature and Society: Anthropological Perspectives*, ed. Philippe Descola and Gisli Palsson (London, 2004), p. 555.

2 J. Hansman, 'Gilgamesh, Humbaba and the Land of the Erin-Trees', *Iraq,* XXXVIII (Spring 1976), p. 24.

3 Andrew George, trans. *The Epic of Gilgamesh* (New York, 2016), pp.104-22.

4 Hansman, 'Gilgamesh', p. 35.

5 Sara Graça da Silva and Jamshid J. Tehrani, 'Comparative Phylogenetic Analyses Uncover the Ancient Roots of European Fairy Folktales', *Royal Society Open Science,* III/1 (January 2016), p. 7, https://royalsocietypublishing.org.

6 Jeremy Black and Anthony Green, *Gods, Demons and Symbols of Ancient Mesopotamia: An Illustrated Dictionary* (Austin, TX, 1992), p. 106.

7 Michel Pastoureau, *The Bear: History of a Fallen King,* trans. George Holoch (Cambridge, MA, 2011), pp. 34-59.

8 同前 , pp. 11-26.

9 E. Douglas Van Buren, 'Mesopotamian Fauna in the Light of the Monuments. Archaeological Remarks Upon Landsberger's "Fauna Des Alten Mesopotamien"', *Archiv für Orientforschung,* VI/11 (1936-7), pp. 20-21.

10 Pastoureau, *The Bear,* pp. 11-33.

11 George, trans., *Gilgamesh*, pp. 36-46.

12 F. N. H. Al-Rawi, and A. R. George, 'Back to the Cedar Forest: The Beginning and End

of Tablet v of the Standard Babylonian Epic of Gilgameš', *Journal of Cuneiform Studies,* 66 (1914), p. 74.

13 George, trans., *Gilgamesh,* pp. 37-96.

14 William Faulkner, 'The Bear', in *The Faulkner Reader* (New York, 1971), pp. 219-314.

15 Anonymous, 'Davy Crockett Theme Lyrics', www.lyricsondemand.com, accessed 28 August 2022.

16 Pastoureau, *The Bear*, p. 92.

5　皇家狩猎

1 Georges-Louis Leclerc, Comte de Buffon, *Buffon's Natural History,* trans. not given, 10 vols (London, 1792), vol. VI, p. 50.

2 同前 , pp. 27-8.

3 John Ayto, *The Dictionary of Word Origins: The Histories of More than 8,000 English-Language Words* (New York, 1990), p. 161.

4 Bertrand Hell, 'Enraged Hunters: The Domain of the Wild in North-Western Europe', in Nature and Society: Anthropological Perspectives, ed. Philippe Descola and Gisli Palsson (London, 2004), p. 540.

5 Jean-Dennis Vigne, 'Domestication ou appropriation pour la chasse: histoire d'un choix socio-culturel depuis le néolithique. l'exemple des Cerfs (Cervus)', in *Exploitation des animaux sauvages à travers le temps: xiie rencontres internationales d'archéologie et d'histoire d'antibes – ive colloque international* de l'homme et l'animal, ed. J. Desse and F. Andoin-Rouzeau (Juan les Pins, France, 1993), p. 203.

6 同前 , p. 204.

7 Maya Wei-haas, 'Prehistoric Female Hunter Discovery Upends Gender Role Assumptions', *National Geographic* (4 November 2020): www.nationalgeographic.com, accessed 15 March 2021.

8 Hell, 'Enraged Hunters', pp. 533-9.

9 Jacobus de Voragine, *The Golden Legend: Readings on the Saints,* trans. William Granger Ryan, 2 vols (Princeton, NJ, 1993), vol. II, pp. 266-71.

10 Sean Kelly and Rosemary Rogers, *Saints Preserve Us! Everything You Need to Know About Every Saint You'll Ever Need* (New York, 1993), pp. 139-40.

11 Gilbert White, The Natural History of Selborne, and the Naturalist's Calendar (London, c. 1890), letter vii, p. 21.

12 Jacob and Wilhelm Grimm, *The German Legends of the Brothers Grimm,* trans. Donald Ward, 2 vols (Philadelphia, PA, 1981), vol. I, legend 309, p. 245.

13 Hell, 'Enraged Hunters', pp. 550-54.

14 Martine Chalvet, *Une histoire de la forêt,* ebook (Paris, 2011), pp. 460-67.

15 Charles Watkins, Trees, *Woods and Forests: A Social and Cultural History* (London, 2016), p. 38.

16 Ovid, *Metamorphoses,* trans. Rolfe Humphries (Bloomington, IN, 1955), III, 138-248, pp. 61-4.

17 J. Donald Hughes, *Pan's Travail: Environmental Problems of the Ancient Greeks and Romans* (Baltimore, MD, 1994), pp. 94, 216.

18 Chalvet, *Histoire,* location 1464.

19 Roland Bechmann, *Trees and Man: The Forest in the Middle Ages,* trans. Katharyn Dunham (New York, 1990), p. 14.

20 Theodore Roosevelt, 'Conservation and Democracy', *Roosevelt Wildlife Bulletin,* III/3 (September 1926), p. 498.

21 Corinne J. Saunders, *The Forest of Medieval Romance: Avernus, Broceliande, Arden* (Woodbridge, 1993), pp. 10-19.

22 Bechmann, *Trees and Man,* p. 13.

23 Saunders, *Medieval,* p. 5.

24 John Manwood and William Delson, *Treatise on Forest Law,* 5th edn (London, 1761), p. 158.

25 Saunders, *Medieval,* p. 3.

26 Chalvet, *Histoire,* pp. 1467-90.

27 Gabriel Bise, and Gaston Poebus, *Medieval Hunting Scenes ('the Hunting Book' by Gaston Poebus),* trans. J. Peter Tallon (Huntsville, OH, 1978), pp. 58-67.

28 Francis Klingender, *Animals in Art and Thought to the End of the Middle Ages,* trans. Evelyn Antal and John Harthan (Cambridge, MA, 1971), pp. 468-9.

29 Keith Thomas, *Man and the Natural World: A History of the Modern Sensibility* (New York, 1983), p. 29.

30 Matt Cartmill, *A View to a Death in the Morning: Hunting and Nature through History* (Cambridge, MA, 1993), p. 64-5.

31 Hell, 'Enraged Hunters', p. 540.

32 Watkins, *Trees, Woods and Forests,* pp. 52-5.

33 Kenneth Clark, *Animals and Men: Their Relationship as Reflected in Western Art from Prehistory to the Present Day* (New York, 1977), pp. 142-3.

34 Thomas Malory, *Le Morte D'arthur,* ebook (Boston, MA, 2017), Kindle locations 124, 572-3.

35 Louis Charbenneau-Lassay, *The Bestiary of Christ,* trans. D. M. Dooling (New York, 1991), pp. 117-26.

36 Bechmann, *Trees and Man,* pp. 30-31.

37 Manwood and Delson, *Treatise on Forest Law.*

38 Rose-Marie Hagen and Rainer Hagen, *Masterpieces in Detail: What Great Paintings Say* (Cologne, 2000), pp. 146-51.

39 Mauro Agnoletti, *Storia del bosco: il paesaggio forestale italiano,* ebook (Bari, Italy, 2020), pp. 38, 43-4.

40 Hughes, *Pan's Travail,* pp. 169-76.

41 Bechmann, *Trees and Man,* p. 33.

42 同前，p. 31.

43 Cartmill, *A View to a Death in the Morning,* pp. 60-61.

44 Naomi Sykes, *Beastly Questions: Animal Answers to Archeological Issues* (London, 2015), p. 72.

45 Virginia De John Anderson, *Creatures of Empire: How Domestic Animals Transformed Early America* (New York, 2004), p. 59.

46 John Cummins, *The Art of Medieval Hunting: The Hound and the Hawk* (Edison, NJ, 2003), p. 74.

47 Stephen Knight, 'Robin Hood and the Forest Laws', *Bulletin of the International Association for Robin Hood Studies,* 1 (2017), p. 1.

48 White, *Selborne,* letter vi, p. 21.

49 Wilhelm Heinrich Riehl, 'Feld and Wald', in *Gesammelte Werke Wilhelm Heinrich Riehls,* ebook (Cleveland, OH, 2020), locations 38529-619.

50 Clark, *Animals,* p. 102.

51 Anderson, *Empire,* p. 60.

52 同前，p. 62.

53 James Fenimore Cooper, *The Deerslayer* (New York, 1991).

54 Felix Salten, *Bambi: A Life in the Woods,* trans. Whittaker Chambers (New York, 1928), p. 286.

55 同前，frontmatter.

56 Jim Sterba, *Nature Wars: The Incredible Story of How Wildlife Comebacks Turned Backyards into Battlegrounds* (New York, 2012), pp. 113-4.

57 同前，p. 106.

58 同前，p.107.

59 Peter Smallidge, Director of Cornell University's Arnot Forest, personal communication.

6 森林与死亡

1 Hansjörg Küster, *Der Wald: Natur und Geschichte* (Munich, 2019), p. 192.

2 Pliny the Elder, *Natural History: A Selection,* trans. John F. Healy (New York,1991).

3 Tacitus, Germania, in *The Agricola and the Germania,* trans. S. A. Handford (Harmondsworth, 1986), chap. 5, p. 104.

4 同前 , chap. 19, pp. 117.

5 同前 , chap. 9, p.109.

6 Tacitus, *The Annals of Imperial Rome,* trans. Alfred John Church and William Jackson Brodriss (New York, 2007), Book 1, Nook ebook section 53.

7 Johannes Zechner, *Der Deutsche Wald: Eine Ideengeschichte Zwischen Poesie und Ideologie* (Darmstadt, 2016), p. 20.

8 Tacitus, *Annals,* Book 1, location 51.

9 同前 , Books 1 and 2, locations 49-108.

10 同前 , Book 2, location 108.

11 J. Donald Hughes, *Pan's Travail: Environmental Problems of the Ancient Greeks and Romans* (Baltimore, MD, 1994), p. 80.

12 同前。

13 Zechner, *Der Deutsche Wald*, p. 20.

14 Küster, *Der Wald,* pp. 185-6.

15 Edward Hyams, *The English Garden* (London, 1966), p. 15.

16 Martine Chalvet, *Une histoire de la forêt,* Kindle edn (Paris, 2011), ebook location 794-808.

17 T. Hudson-Williams, 'Dante and the Classics', *Greece and Rome,* XX/58 (January 1951), p. 38.

18 Dante Alighieri, *La Divina Commedia di Dante Alighieri* (Milan, 1911), *Inferno,* Canto XIII, pp. 247-52.

19 同前 , Canto V, pp. 15-24.

20 Zechner, *Der Deutsche Wald,* pp. 18-19.

21 Leonard Forster, 'Introduction and Commentary', in *Selections from Conrad Celtis, 1459–1508,* ed. Leonard Forster (Cambridge, 1948), pp. 100-111.

22 Christopher S. Wood, *Albrecht Altdorfer and the Origins of Landscape,* 2nd edn (London, 2014), p. 134.

23 同前。

24 Celtis, *Selections from Conrad Celtis,* pp. 24-5.

25 Wood, *Altdorfer,* pp. 154.

26 同前 , p. 190.

27 同前 , pp. 156-7.

28 同前 , p. 189.

29 Anonymous and Ralph Caldicott, *Babes in the Wood* (London, 1879), pp.30-31.

30 John Keats, 'Ode to a Nightingale', in *On Wings of Song: Poems About Birds*, ed. J. D. McClatchy (New York, 2000), lines 6–8, 50-58, pp. 218-20.

31 Johann Wolfgang von Goethe, 'Wanderers Nachtlied II (Ein Gleichnes)', in *Deutsche Gedichte: Von Den Anfängen bis zur Gegenwart*, ed. Echtermeyer and Benno von Wiese (Düsseldorf, 1979), p. 194. 英文译文为作者自译。

32 'Kikelhahn', www.wikipedia.com, accessed 5 July 2021.

33 Joseph Leo Koerner, *Caspar David Friedrich and the Subject of Landscape* (London, 2009), p. 194.

7 森林之主

1 Edward Topsell, *The History of Four-Footed Beasts, Serpents and Insects* (facsimile of the 1658 Edition), 3 vols (London, 1967), vol. I, pp. 551-2.

2 Neil Evernden, *The Social Creation of Nature* (Baltimore, MD, 1992), p. 41.

3 Bruno Bettelheim, *The Uses of Enchantment: The Meaning and Importance of Fairy Tales* (New York, 1977), p. 94.

4 Matilde Battistini, *Symbols and Allegories in Art*, trans. Stephen Sartarelli (Los Angeles, CA, 2005), p. 244.

5 Wolfram von Eschenbach, *Parzifal*, trans. A. T. Hatto (New York, 1980), p.132.

6 Anonymous, 'Sir Gawain and the Green Knight', in *Sir Gawain and the Green Knight, an Authoritative Translation, Contexts, Criticism*, ed. Marie Borroff and Laura L. Howes (New York, 2010), pp. 3-64.

7 Alice E. Lasater, *Spain to England: A Comparative Study of Arabic, European, and English Literature of the Middle Ages* (Jackson, MS, 1974), pp. 189-96.

8 Max Lüthi, *The European Folktale: Form and Nature*, trans. John D. Niles (Bloomington, IN, 1986), pp. 32-3.

9 Sara Graça da Silva, and Jamshid J. Tehrani, 'Comparative Phylogenetic Analyses Uncover the Ancient Roots of European Fairy Folktales', *Royal Society Open Science*, III/1 (January 2016), https://royalsocietypublishing.org.

10 Max Lüthi, *The Fairy Tale as an Art Form and Portrait of Man*, trans. John Erickson (Bloomington, IN, 1987), pp. 135-44.

11 Bernard Roger, *The Initiatory Path in Fairy Tales*, Nook ebook (Rutledge, VT, 2015).

12 Boria Sax, *The Frog King: On Legends, Fables, Fairy Tales and Anecdotes of Animals* (New York, 1990), p. 49.

13 Albert B. Friedman, 'Morgan Le Fay in Sir Gawain and the Green Knight', *Speculum*, XXXV/2 (April 1960), pp. 269-72.

14 Joseph L. Henderson, 'Ancient Myths and Modern Man', in *Man and His Symbols*, ed. Carl G. Jung (New York, 1968), p. 123.

15 Anonymous, 'Bricriu's Feast', in *Early Irish Myths and Sagas,* ed. and trans. Jeffrey Gantz (New York, 1985), pp. 219-55.

16 Thomas Malory, *Le Morte D'arthur* (Boston, MA, 2017), chap. XXI–II, pp. 671-4.

17 Jonathan Hughes, *The Rise of Alchemy in Fourteenth-Century England: Plantagenet Kings and the Search for the Philosopher's Stone* (New York, 2012), pp. 81-3.

18 Dennis William Hauck, *Sorcerer's Stone: A Beginner's Guide to Alchemy* (New York, 2004), p. 189.

19 Hughes, *The Rise of Alchemy,* p. 84.

8 森林女主

1 Laurence Half-Lancer, 'Fairy Godmothers and Fairy Lovers', in *Arthurian Women: A Casebook,* ed. Thema S. Fenster (New York, 1996), pp. 142-3,48.

2 Matilde Battistini, *Symbols and Allegories in Art,* trans. Stephen Sartarelli (Los Angeles, CA, 2005), p. 244.

3 Alexandr Afans'ev, *Russian Fairy Tales,* trans. Norbert Guterman (New York,1973), pp. 441-3.

4 Andreas Johns, *Baba Yaga: The Ambiguous Mother and Witch of the Russian Folktale* (New York, 2010), p. 272.

5 同前 , p. 273.

6 Afans'ev, pp. 439-47.

7 Vladimir Propp, *Theory and History of Folklore,* trans. Ariadna Y. Martin and Richard P. Martin, vol. v: *Theory and History of Literature* (Minneapolis, MN, 1984), p. 117.

8 同前 , pp. 116-18.

9 同前 , p. 117.

10 Vladimir Propp, *The Morphology of the Folk Tale,* trans. Laurence Scott (Austin, TX, 1968).

11 Joanna Hubb, *Mother Russia: The Feminine Myth in Russian Culture* (Bloomington, IN, 1988), pp. 48-51.

12 同前 , p. 35.

13 Jacob Grimm, and Wilhelm Grimm, *The Annotated Brothers Grimm,* ed. and trans. Maria Tatar (New York, 2004), pp. 73-85.

14 同前 , p. 72.

15 Afans'ev, *Russian Fairy Tales,* pp. 76-9.

16 Johns, *Baba Yaga,* p. 97.

17 Jacob and Wilhelm Grimm, *The German Legends of the Brothers Grimm,* trans. Donald Ward, 2 vols (Philadelphia, PA, 1981), vol. I, legend 171, p. 57.

18 Sabine Baring Gould, *Curious Myths of the Middle Ages,* ed. Edward Hardy (New York, 1987), pp. 79-82.

19 Josef Freiherr von Eichendorff, 'Waldgespräch', in *Deutsche Gedichte: Von den Anfängen bis zur Gegenwart,* ed. Echtermeyer and Benno von Wiese (Düsseldorf, 1979), p. 372. 英文译文为作者自译。

20 Suzanne Simard, *Finding the Mother Tree: Discovering the Wisdom of the Forest* (New York, 2021), p. 513.

21 Richard Powers, *The Overstory,* ebook (New York, 2019).

9 古典森林、洛可可森林和哥特森林

1 Michael Williams, *Deforesting the Earth: From Prehistory to the Global Crisis, an Abridgement* (Chicago, IL, 2006), p. 91.

2 同前 , p. 117.

3 Oliver Rackham, *History of the Countryside* (London, 2020), p. 133.

4 同前 , p. 134; Charles Watkins, *Trees, Woods and Forests: A Social and Cultural History* (London, 2016), pp. 219-23.

5 Giambattista Vico, *The New Science of Giambattista Vico* (Ithaca, NY, 1984).

6 Martine Chalvet, *Une histoire de la forêt,* ebook (Paris, 2011), Kindle location 3773.

7 Barbara Novak, *Nature and Culture: American Landscape and Painting, 1825–1875* (New York, 1980), pp. 204-5.

8 同前 , p. 35.

9 Jennifer Milam, *Fragonard's Playful Paintings: Visual Games in Rococo Art* (Manchester, 2006), plate v.

10 Chalvet, *Une histoire de la forêt,* Kindle locations 2384-98.

11 Charles Perrault, *Perrault, Contes* (Paris, 1981), pp. 169-78.

12 Anne Radcliffe, *The Romance of the Forest* (Oxford, 2009), pp. 266-9.

13 William Wordsworth, 'Lines Composed a Few Miles above Tintern Abbey, on Revisiting the Banks of the Wye During a Tour. July 13, 1798', in *Favorite Poems, William Wordsworth,* ebook (Mineola, NY, 1992), Kindle locations333-85.

14 John Ruskin, *Ruskin's Writings on Art,* ed. Joan Evans (Garden City, NY,1959), pp. 228-34.

15 15 同前 , p. 167.

10 原始森林

1 Boria Sax, 'Mermaids', in *Storytelling: An Encyclopedia of Mythology and Folklore,* ed. Josepha Sherman, 2 vols, vol. II (Armonk, NY, 2008), p. 304.

2 Boria Sax, 'The Basilisk and Rattlesnake, or a European Monster Comes to America', *Society and Animals,* II/1 (1994): pp. 3-15.

3 Henry Wadsworth Longfellow, 'Evangeline: A Tale of Acadie' [1847], https://poets.org.

4 William Cullen Bryant, 'A Forest Hymn' [1824], www.poemhunter.com.

5 Michael Williams, *Deforesting the Earth: From Prehistory to the Global Crisis, an Abridgement* (Chicago, IL, 2006), p. 25.

6 William Cronon, *Changes in the Land: Indians, Colonists, and the Ecology of New England,* Nook edn (New York, 2011), p. 27.

7 Williams, *Deforesting,* p. 60.

8 Meehan Christ, 'The Age of Acceleration', *Orion,* XLI/2 (Summer 2002), p. 31.

9 同前 , p.147.

10 Edmund Burke, *A Philosophical Enquiry into the Origin of Our Ideas of the Sublime and Beautiful* (Oxford, 2015), pp. 47-9.

11 Barbara Novak, *Nature and Culture: American Landscape and Painting, 1825–1875* (New York, 1980), p. 38.

12 John Muir, *Our National Parks* (San Francisco, CA, 1991), p. 248.

13 Anne Whinston Spirn, 'Constructing Nature: The Legacy of Frederich Law Olmstead', in *Uncommon Ground: Rethinking the Human Place in Nature,* ed. William Cronon (New York, 1996), pp. 91–6.

14 Kenneth R. Olwig, 'Reinventing Common Nature: Yosemite and Mount Rushmore: A Meandering Tale of Double Nature', in *Uncommon Ground,* ed. Cronon, pp. 363, 68.

15 Richard Grant, 'The Lost History of Yellowstone: Debunking the Myth That the Great National Park Was a Wilderness Untouched by Humans', *The Smithsonian* (January/February 2021), pp. 54-5, 116-17.

16 Thomas Cole, *Essay on American Scenery* (Catskill, NY, 2018), pp. 20-21.

17 Henry David Thoreau, 'Walking', in *The Portable Thoreau,* ed. Jeffrey S. Cramer (New York, 2012), pp. 562-71.

18 Linda S. Ferber, *The Hudson River School: Nature and the American Vision* (New York, 2009), p. 191.

19 同前 , pp. 193-8.

20 Barbara Babcock Millhouse, *American Wilderness: The Story of the Hudson River School of Painting* (Hensonville, NY, 2007), p. 86.

11　梦中的森林

1 . L. Travers, *What the Bee Knows: Reflections on Myth, Symbol and Story* (Wellingborough,

UK, 1989), pp. 265-6.

2 Anonymous, *A Perceforest Reader: Selected Episodes from Perceforest: The Prehistory of King Arthur's Britain,* trans. Nigel Bryant (Woodbridge, 2012),pp.85-102.

3 Noémie Chardonnens, 'D'un Imaginaire à l'autre: la belle endormie du roman de perceforest et son fils', *Études de lettres,* III/4 (2011): p. 198.

4 Giambattista Basile, 'Sun, Moon, and Talia', in *Folk and Fairy Tales,* ed. Martin Hallett and Barbara Karasek (Peterborough, Canada, 2018), pp.79-82.

5 Charles Perrault, 'The Sleeping Beauty in the Wood', in *Folk and Fairy Tales,* ed. Hallett and Karasek, pp. 83-8.

6 Jacob and Wilhelm Grimm, *The Annotated Brothers Grimm,* ed. and trans. Maria Tatar (New York, 2004), pp. 232-9.

7 Roland Beechmann, *Trees and Man: The Forest in the Middle Ages,* trans. Katharyn Dunham (New York, 1990), pp. 261-2.

8 Michael Imort, 'A Sylvan People: Wilhelmine Forestry and the Forest as a Symbol of Germandom', in *Germany's Nature: Cultural Landscapes and Environmental History,* ed. Thomas Lenkan and Thomas Zeller (New Brunswick, NJ, 2005), pp. 61-2.

9 Wolf Burchard, *Inspiring Walt Disney: The Animation of French Decorative Arts* (New York, 2021), pp. 185-7.

10 同前 , pp. 107-17.

12　丛林法则

1 Saskia Huma, 'The Real-Life Captain Kurtz', *Daily Mail,* 15 May 2021.

2 Frederick Jackson Turner, 'The Significance of the Frontier in American History (1893)', www.historians.org, accessed 14 February 2022.

3 Christopher Mcintosh, *The Swan King: Ludwig I of Bavaria,* ebook (London, 2012), pp. 193-8.

4 Elyse Nelson, 'Sculpting about Slavery in the Second Empire', in *Fictions of Emancipation: Carpeaux's Why Born Enslaved Reconsidered,* ed. Elyse Nelson and Wendy B. Walters (New York, 2022), p. 56.

5 John Thompson, 'Africa Geographicus', 1813, www.geogrphaphicus.com, accessed 17 February 2022.

6 John Rankin, *Africa* (London, c. 1860).

7 Peter Parley, *The Second Book of History: The Modern History of Europe, Africa, and Asia* (Boston, MA, 1845), p. 162.

8 John Ayto, *Dictionary of Word Origins* (New York, 1990), p. 310.

9 Roland Beechman, *Trees and Man: The Forest in the Middle Ages,* trans. Katharyn Dunham

(New York, 1990), p. 283.

10 Candace Slater, 'Amazonia as Edenic Narrative', in *Uncommon Ground: Rethinking the Human Place in Nature,* ed. William Cronon (New York,1996), pp. 110-17.

11 Joseph Conrad, *Heart of Darkness* (New York, 2012), p. 38.

12 同前 , pp.6–7.

13 同前 , pp. 56-7.

14 同前 , p.80.

15 Matthew White, *The Great Big Book of Horrible Things: The Definitive Chronicle of History's 100 Worst Atrocities* (New York, 2012), p. 542.

16 Hannah Arendt, *Eichmann in Jerusalem: A Report on the Banality of Evil* (New York, 2006).

17 Conrad, *Heart,* p. 33.

18 Adam Hochschild, *King Leopold's Ghost,* ebook (New York, 2020), pp. 533-53.

19 Marshall Everett, *Roosevelt's Thrilling Experiences in the Wilds of Africa: Hunting Big Game* (Houston, TX, 1909), unpaginated back matter.

20 同前 , p.165.

21 同前 , unpaginaged back matter.

22 同前 , caption to unpaginated illustration entitled 'The Happy Anticipation of a Fine Feast'.

23 Edgar Rice Burroughs, *Tarzan of the Apes,* ebook (Overpark, KS, 2012), Kindle location 1906–63.

24 同前 , Kindle location 2617.

25 Rudyard Kipling, The Jungle Book, ebook (Seattle, WA, 2017), Kindle location184.

26 同前 , Kindle location 293-308.

27 同前 , Kindle location 910-25.

28 Allen F. Roberts, *Animals in African Art: From the Familiar to the Marvelous* (New York, 1995), pp. 16-18.

13 带着大斧的人

1 W. B. Laughead, *The Marvelous Exploits of Paul Bunyan* (Middletown, DE,2021), pp. 1–9.

2 Carl Sandburg, *The Complete Poems of Carl Sandburg* (New York, 1970), p. 496.

3 B. A. Botkin, *A Treasury of American Folklore: Stories, Ballads, and Traditions of the People* (New York, 1944), pp. 491-2.

4 *Legends of Paul Bunyan,* ed. Harold W. Felton (New York, 1947), pp. 221-48.

5 Michael Edmonds, *Out of the Northwoods: The Many Lives of Paul Bunyan,* Kobo edn (2009), pp. 302-4.

6 同前 , p. 298.

7 同前 , p. 314.

8 同前 , p. 309.

9 Michael Williams, *Americans and Their Forests: A Historical Geography* (Cambridge, 1992), pp. 222-3.

10 Edmonds, *Northwoods,* p.16.

11 同前 , pp. 87-93.

12 同前 , pp. 240-42.

13 Laughead, *Exploits.*

14 同前 , 243-5.

15 Richard M. Dorson, *Folklore and Fakelore: Essays toward a Discipline of Folk Studies* (Cambridge, MA, 1976), pp. 335-6.

16 同前 , p. 27.

17 Gifford Pinchot, *Breaking New Ground* (Washington, DC, 1998), pp. 27-8.

18 Edmonds, *Northwoods,* pp. 401-2.

19 Keith Thomas, *Man and the Natural World: A History of the Modern Sensibility* (New York, 1983), pp. 194-6.

14 树的政治

1 Edward Hyams, *The English Garden* (London, 1966), p. 22.

2 Nigel Everett, *The Tory View of Landscape* (New Haven, CT, 1994), p. 39.

3 同前 , pp. 41, 44.

4 同前 , p. 40.

5 同前 , pp. 183–203.

6 同前 , pp. 204-8.

7 John Evelyn, *Sylva; or, A Discourse of Forest Trees and the Propagation of Timber,* 3rd edn (1706) (Chapel Hill, NC, 2012), p. lxxvi, at www.projectgutenberg.org, accessed 16 June 2022.

8 Thomas Toft, *Display Dish with Charles II in a Tree,* c.1680, www.metropolitanmuseum.org, accessed 16 June 2022.

9 Evelyn, *Sylva,* p. xcix.

10 Kieko Matteson, *Forests in Revolutionary France: Conservation, Community and Conflict, 1669–1848* (Cambridge, 2015), p. 37.

11 同前 , pp. 35-6.

12 John Evelyn, *Sylva; or, A Discourse on Forest Trees* (Cambridge, 2013), vol. II, p.5.

13 同前 , p. 37.

14 Hanns Carl von Carlowitz, *Sylvicultura Oekenomica* (Leipzig, 1713), p. 106.

15 Hansjörg Küster, *Geschichte des Waldes: Von der Urzeit bis zur Gegenwart* (Munich, 2013), p. 176.

16 Matteson, *Forests,* p. 167.

17 Charles Watkins, *Trees in Art* (London, 2018), p. 158.

18 Oliver Rackham, *History of the Countryside* (London, 2020), pp. 135-6.

19 Martine Chalvet, *Une Histoire De La Forêt,* ebook (Paris, 2011), Kindle locations 2319-47.

20 Küster, *Geschichte,* p. 182.

21 Matteson, *Forests,* pp. 244, 47-54.

22 Robert Delort and François Walter, *Histoire de l'environnement européen* (Paris, 2001), p. 309.

23 Boria Sax, *Animals in the Third Reich,* 2nd edn (Pittsburgh, PA, 2013), pp. 64-5, 100-113, 164-73.

24 Raymond H. Dominick III, *The Environmental Movement in Germany: Prophets and Pioneers, 1871–1971* (Bloomington, IN, 1992), p. 106.

25 同前 , pp. 105-6.

26 Bernd A. Rusinek, 'Wald und Baum in der arische-germanische Geistes-und Kultur-geschichte' in *Der Wald. Ein deutscher Mythos,* ed. Albrecht Lehmann and Klaus Schriewer (Hamburg, 2000), www.archivportal-d.de,accessed 22 July 2022, p.4. 英文译文为作者自译。

27 Dominick, *Environmental,* pp. 111-15.

28 同前 , p. 113.

29 Rusinek, 'Wald und Baum', p. 6.

30 Jost Hermand, *Old Dreams of a New Reich: Völkish Utopias and National Socialism* (Blooming-ton, IN, 1992), p. 281.

31 *Ewiger Wald,* (Kampfbund für deutsche Kultur, 1936), www.youtube.com, accessed 28 June 2022. 网络视频只包含了电影的前半部分，有很多内容被删节了，以尽量减少它与纳粹主义的联系。

32 Anonymous, 'Ewiger Wald', Alchetron, last modified 14 April 2022, https://alchet-ron.com, accessed 28 June, 2022.

33 Victoria Urmersbach, 'Von Wilden Wäldern und der Liebe Zur Linde: Waldgeschicht-en Zwischen Realität und Mythos', in *Der Wald in Der Vielwalt Möglicher Perspektiven,* ed. Corinna Jenal and Karsten Berr (Berlin,2022), pp. 29-30.

34 Dominick, *Environmental,* p.90.

35 Michael Williams, *Deforesting the Earth: From Prehistory to the Global Crisis, an Abridgement*

(Chicago, IL, 2006), p. 390.

36 Bertolt Brecht, 'An Die Nachgeborenen', in *Deutsche Gedichte: Von den Anfängen biz zur Gegenwart,* ed. Echtermeyer and Benno von Wiese (Düsseldorf, 1979), p. 632. 英文译文为作者自译。

37 Dominick, *Environmental,* pp. 111-12.

38 Williams, *Deforesting,* pp. 402-4.

15 森林中的河流

1 Michael Marder, *Plant-Thinking: A Philosophy of Vegetable Life* (New York,2013), p. 179.

2 William Shakespeare, *Shakespeare's Sonnets* (New York, 2011), p. 175.

3 Michael Williams, *Deforesting the Earth: From Prehistory to the Global Crisis,* abridged edn (Chicago, IL, 2007) pp. 172, 395-6.

4 Ashley Junger, 'Saving Our Forests for the Trees: Deforestation Is Threatening Critical Ecosystems Throughout the World', www.earthwatch.org, accessed 8 July, 2022.

5 Jordan Fisher Smith, 'The Wilderness Paradox' , in *Orion* (September-October 2014), p. 37.

6 George Monbiot, *Feral: Rewilding the Land, the Sea, and Human Life* (Chicago, IL, 2017).

7 Fred Pearce, *The New Wild: Why Invasive Species Will Be Nature's Salvation* (Boston, MA, 2015), pp. 96-8.

8 Jean François Lyotard, *The Postmodern Condition: A Report on Knowledge,* trans. Geoff Bennington and Brian Massumi (Minneapolis, MI, 1984), pp. 31-8, 60.

9 William Cronon, 'Introduction: In Search of Nature', in *Uncommon Ground: Rethinking the Human Place in Nature,* ed. William Cronon (New York,1996), pp. 25-6.

10 Brian J. Palik, Anthony W. D'Amato et al., *Ecological Silviculture: Foundations and Applications* (Long Grove, IL, 2021), pp. 37-50, 293-5.

11 Elizabeth Weil, 'Forever Fire', *New York Times Magazine,* 16 January 2022, Pp. 33-43.

12 Palik, *Silviculture,* pp. 115-42.

13 Stacey Kazacos, 'From the President', *New York Forest Owner,* LX/5(September-October 2022), p. 3.

14 Boria Sax, *Animals in the Third Reich* (Pittsburgh, PA, 2013), pp. 167-76.

15 Jonathan Marx, *What It Means to Be 98% Chimpanzee: Apes, People and Their Genes* (Berkeley, CA, 2002), pp. 165-72.

16 David Graeber and David Wengrow, *The Dawn of Everything: A New History of Humanity* (New York, 2021).

17 Jim Holt, 'The Grand Illusion', *Lapham's Quarterly,* VII/ 4 (2014), pp. 187-91.

延伸阅读

我发现以下这些书特别有益于了解背景知识或解决更具体的问题。我没有包括第一手资料，因为那些在书中已经有明确的讨论，要去查阅并不困难。唯一的例外是《吉尔伽美什》。因为原始资料是不完整的，而且年代久远，任何翻译都需要大量解读工作，所以我列出了三个英文版本。我没有收录高度专业化的作品或与人类历史和文化中的森林主题无关的作品。此次不同于我一贯的做法，我还列出了一些非英语书籍，不过只是在我认为这些书籍中的信息或观点不易用英语获得时。

Agnoletti, Mauro, *Storia del bosco: il paesaggio forestale italiano* (Bari, Italy, 2020). 意大利文，一部意大利森林史。

Altman, Nathaniel, *Sacred Trees* (San Francisco, CA, 1994). 对神话和传说中的树木的广泛调查。

Anderson, Virginia De John, *Creatures of Empire: How Domestic Animals Transformed Early America* (New York, 2004). 对早期欧洲殖民者和美洲原住民与动植物之间截然不同的关系的研究。

Barr, Karsten, and Corina Jenal, eds, *Der Wald in der Vielfalt Möglicher Perspektiven* (Berlin, 2022). 德文，一本关于森林的社会和历史意义的文集。

Beechmann, Roland, *Trees and Man: The Forest in the Middle Ages,* trans. Katharyn Dunham. (New York, 1990). 对中世纪森林的详细讨论，尤其是法国的森林。

Bibikhin, Vladimir, *The Woods (Hyle),* trans. Arch Tait (Cambridge, 2021). 作者是一位俄罗斯著名哲学家，从哲学和词源学角度探讨了我们对森林的概念。

Bruchac, Joseph, *Native Plant Stories* (Golden, co, 1995). 美国原住民作家创作的加拿大和美国印第安人传统故事集。

Canham, Charles D., *Forests Adrift: Currents Shaping the Future of Northeastern Trees* (New Haven, CT, 2020). 一位林业人员对美国东北部林地是如何发展的以及它们在未来几十年和几百年中可能会如何演变的叙述。

Cartmill, Matt, *A View to a Death in the Morning: Hunting and Nature through History* (Cambridge, MA, 1993). 一部狩猎文化史。

Chalvet, Martine, *Une histoire de la forêt* (Paris, 2011). 法文，对森林——特别是法国森林——从新石器时代到现在的记述，同时探讨了更广泛的文化和历史趋势。

Corvol, Andrée, *L'Homme aux Bois: Histoire des relations de l'homme et la forêt XVII –XXe siècle* (Paris, 1987). 法文,对现代早期法国人与森林关系的研究。

Cronon, William, *Changes in the Land: Indians, Colonists, and the Ecology of New England.* (New York, 2011). 一本极具影响力的现代经典，是最早批判"原始景观"理念的书籍之一。

Cronon, William, ed., *Uncommon Ground: Rethinking the Human Place in Nature* (New York, 1996). 一本关于美国森林历史的文集，重点讲述如何对森林进行大规模管理以营造原始纯净的印象。

Dalley, Stephanie, trans., *Myths from Mesopotamia: Creation, the Flood, Gilgamesh, and Others,* trans. Stephanie Dalley (Oxford, 1992). 包含《吉尔伽美什》两个版本的译本，这两个版本都以严格遵守原始泥板文本而闻名。

Delort, Robert and François Walter, *Histoire de l'environnement européen* (Paris, 2001). 法文，欧洲自然环境史。

Descola, Philippe, *Beyond Nature and Culture,* trans. Janet Lloyd (Chicago, IL, 2013). 对人类社会与自然环境关系的综合研究。

Ferber, Linda S., *The Hudson River School: Nature and the American Vision* (New York, 2009). 对美国哈得孙河画派画家的学术介绍，附有大量插图。

George, Andrew, trans. *The Epic of Gilgamesh: The Babylonian Epic Poem and Other Texts in Akkadian and Sumerian,* 2nd edn (New York, 2019). 对几个版本的《吉尔伽美什》的汇编，统合出的一个有大量注释的文本。

Harrison, Robert Pogue, *Forests: The Shadow of Civilization* (Chicago, IL, 1993). 关于森林文化意义的研究，特别侧重于意大利的森林文化。

Jenal, Corina, *'Das ist kein Wald, Ihr Pappnasen!' Zur sozialen Konstruktion von Wald. Perspektiven von Landschaftstheorie und Landschaftspraxis* (Berlin, 2019). 德文，从历史和哲学的角度研究树木的概念是如何在社会中构建的。

Kohn, Eduardo, *How Forests Think: Toward an Anthropology Beyond the Human* (Berkeley, CA, 2013). 关于森林重要性的哲学与人类学讨论，特别侧重于拉丁美洲。

Küster, Hansjörg, *Der Wald: Natur Und Geschichte* (Munich, 2019). 德文，从环境地理学的角度讨论森林及其地形在几百年以来的变化。

Maeterlinck, Maurice, *The Intelligence of Flowers,* trans. Alexander Teixeira Mattos (Cambridge, MA, 1906). 诺贝尔文学奖得主作品，关于植物的感知力的例证，可以说是现在被称为"植物研究"的学科中的第一部作品。

Marder, Michael, *Plant Thinking: A Philosophy of Vegetal Life* (New York, 2013). 对植物生命基本本体论及其含义的哲学研究。

Matteson, Kieko, *Forests in Revolutionary France: Conservation, Community and Conflict, 1669–1848* (Cambridge, 2015). 详细讨论了从路易十四到拿破仑三世的法国历届政府对森林的影响。

Monbiot, George, *Feral: Rewilding the Land, the Sea, and Human Life* (Chicago, IL, 2017). 本书主张彻底重建荒野，作者认为这将把世界恢复为接近英国旧石器时代景观的样貌。

Novak, Barbara, *Nature and Culture: American Landscape and Painting, 1825–1875* (New York, 1980). 讨论哈得孙河画派画家的哲学和美学基础，特别是他们描绘消失过程中的美国森林的作品。

Palik, Brian J., et al., *Ecological Silviculture: Foundations and Applications* (Long Grove, IL, 2021). 当代林业基础实用指南。

Pearce, Fred, *The New Wild: Why Invasive Species Will be Nature's Salvation* (Boston, MA, 2015). 本书提出了非传统的论点，认为我们应该接受野生动物的全球化，这最终将有助于生物多样性。

Perlin, John, *A Forest Journey: The Story of Wood and Civilization* (Woodstock, VT,

2005). 关于从古代到化石燃料出现期间对木材近乎永无止境的需求如何影响西方文化的研究。

Rackham, Oliver, *History of the Countryside* (London, 2020). 一部详细的英国景观史。

Sandars, N. K., trans. *The Epic of Gilgamesh* (New York, 1977). 一个相对自由但很有艺术性的翻译版本。

Saunders, Corinne J., *The Forest of Medieval Romance: Avernus, Broceliande, Arden* (Woodbridge, 1993). 对中世纪欧洲传奇中森林所承担的角色的详细研究。

Simard, Suzanne, *Finding the Mother Tree: Discovering the Wisdom of the Forest* (New York, 2021). 当代林业学中一位重要人物的自传性记述，她在其中讨论了林业学的发展历程。

Smith, Nigel J., *The Enchanted Amazon Rain Forest: Stories from a Vanishing World* (Gainesville, FL, 1976). 关于巴西亚马孙民间传说的研究。

Sterba, Jim, *Nature Wars: The Incredible Story of How Wildlife Comebacks Turned Backyards into Battlegrounds* (New York, 2012). 本书讲述了人类的保护如何令鹿、火鸡和其他美国动物戏剧性地重新出现，但也重新激起了人们对它们的宿怨。

Thomas, Keith, *Man and the Natural World: A History of the Modern Sensibility* (New York, 1983). 一部从多角度探索人类与自然世界之间关系的当代经典。

Watkins, Charles, *Trees in Art* (London, 2018). 对描绘树木的图形艺术中反映的传统和理想的讨论，有大量精美插图。

--, *Trees, Woods and Forests: A Social and Cultural History* (London, 2016). 讨论文学和图形艺术中所反映出的人们对森林态度的变化, 特别是在英国的。

Wessels, Tom, *Reading the Forested Landscape: A Natural History of New England* (New York, 1999). 一本关于森林法医学的书，以美国东北部为中心，根据地形和植被的线索重建了一片景观的历史。

Williams, Michael, *Americans and Their Forests: A Historical Geography* (Cambridge, 1992). 一部全面的美国森林史。

Williams, Michael, *Deforesting the Earth: From Prehistory to the Global Crisis, an Abridgement* (Chicago, IL, 2006). 一部详细的关于世界各地森林砍伐的历史。

Wohlleben, Peter, *The Hidden Life of Trees: What They Feel, How They Communicate – Discoveries from a Secret World,* trans. Tim Flannery (New York, 2017). 一部关于森林管理的畅销书，尤其是古生森林。

Zechner, Johannes, *Der Deutsche Wald: Eine Ideengeschichte zwischen Poesie und Ideologie* (Darmstadt, 2016). 德文，讨论诗歌和其他艺术中所反映出的森林概念的变化过程。

致谢

感谢全国独立学者大会（NCIS）和默西学院（Mercy College）为我撰写本书提供研究资料。特别感谢我的妻子琳达・萨克斯（Linda Sax），感谢她慷慨的支持和许多有益的建议。汤姆・克里斯滕森（Tom Christensen）为我的林地拍摄了许多美丽的照片，他慷慨地允许我在这本书中使用它们。也感谢 Rcaktion Book 的工作人员对本书的信心。

图片鸣谢

作者和出版商希望对以下插图材料来源和/或使用许可表示感谢。出于方便考虑，下文还列出了一些艺术品的馆藏位置：

Alte Nationalgalerie, Staatliche Museen zu Berlin: p. 164 (top); Amon Carter Museum of American Art, Fort Worth, tx: p. 174; from Anne Anderson' s Old, Old Fairy Tales (Racine, wi, 1935): p. 186; Art Institute of Chicago: p. 156; Artokoloro/ Alamy Stock Photo: p. 59; Ashmolean Museum, University of Oxford: p. 29; Autry Museum of the American West, Los Angeles: p. 171 (photo Library of Congress, Prints and Photographs Division, Washington, dc); Basilica di San Francesco, Arezzo: p. 45; Bayerische Staatsbibliothek, Munich: pp. 38 (ms Cod.icon. 26, fol. 59r), 44 (ms Clm 15710, fol. 60v – photo World Digital Library); Beinecke Rare Book and Manuscript Library, Yale University, New Haven, ct: p. 133 (Mellon ms 110, fol. 131v); Bibliothèque nationale de France, Paris: pp. 74 (ms Latin 9474, fol. 191v), 84 (ms Français 616, fol. 87r), 127 (ms Réserve od-60 pet fol, fol. 19r); British Library, London: p. 125 (Cotton ms Nero a x/2, fol. 94v); photos Tom Christensen: pp. 6, 68, 99, 253; collection of the author: pp. 10 (left), 11, 34, 51, 57, 93, 100, 101, 138, 139, 150, 160, 161, 164 (bottom), 169, 172, 173, 196, 199, 206, 207, 208, 214, 227, 231, 233, 238; from Taxile Delord, Les fleurs animées, vol. ii (Paris, 1847): p. 36; Dover Pictorial Archive: pp. 28, 42, 96, 112; from Brothers Grimm, Hansel and Grethel and

Other Tales (London, 1920), photo University of North Carolina at Chapel Hill Library: p. 134; from Richard Huber, A Treasury of Fantastic and Mythological Creatures: 1,087 Renderings from Historic Sources (New York, 1981), photo Dover Pictorial Archive: p. 63; Kunsthistorisches Museum, Vienna: p. 88; from John Leighton, 1,100 Designs and Motifs from Historic Sources (New York, 1995), photos Dover Pictorial Archive: p. 22; Library of Congress, Prints and Photographs Division, Washington, dc: pp. 216 (photo Carol M. Highsmith), 219; The Metropolitan Museum of Art, New York: pp. 55, 56, 85, 110, 115 (bottom), 130, 157 (bottom), 197, 228; The Morgan Library and Museum, New York: p. 32 (ms g.5, fol. 18v); Museum für Islamische Kunst, Staatliche Museen zu Berlin: p. 41; Muzeum Narodowe, Warsaw: p. 33; National Galleries of Scotland, Edinburgh: p. 92; New-York Historical Society: pp. 177, 178, 179, 180; The New York Public Library: pp. 54, 115 (top), 222; private collection: pp. 104, 157 (top), 198, 225; Royal Collection Trust/© His Majesty King Charles iii 2023: p. 151; photos Boria Sax: pp. 10 (right), 218; Schloss Charlottenburg, Berlin: p. 162; Toledo Museum of Art, oh: p. 155; Unsplash: p. 189 (photo Dylan Bman); u.s. Capitol Building: p. 194; The Wallace Collection, London: pp. 9, 159; Wikimedia Commons: pp. 48 (photo Osama Shukir Muhammed Amin frcp (Glasg), cc by-sa 4.0), 67 (photo Rama, cc by-sa 3.0 fr – Musée du Louvre, Paris), 188 (photo © Thomas Wolf/www.foto-tw.de, cc by-sa 3.0 de).

译名对照表

A

'A Forest Hymn' 《森林赞歌》

Aaron (biblical figure) 亚伦（《圣经》人物）

Abbey in the Oak Forest 《橡树林中的修道院》

Achebe, Chinua 钦努阿 · 阿契贝

Adam 亚当

Adam and Eve in the Garden of Eden 《伊甸园中的亚当和夏娃》

Aeneid 《埃涅阿斯纪》

Afans'ev, Alexandr 亚历山大 · 阿法纳西耶夫

Africa 非洲

Albert Henry Payne 阿尔伯特 · 亨利 · 佩恩

Al-Khadr 赫迪尔

Allegory of Africa 《非洲的寓言》

Altdorfer, Albrecht 阿尔布雷希特 · 阿尔特多费尔

'Am I so very ugly?' 《我很丑吗?》

Amazon river 亚马孙河

American Progress 《美国进步》

Annals of the Roman Republic 《罗马帝国编年史》

anthropocentrism 人类中心主义

Apollo 阿波罗

Arendt, Hannah 汉娜 · 阿伦特

Aristotle 亚里士多德

Arminius 阿米尼乌斯

Artemis 阿耳忒弥斯

Arthur (legendary king of Britain) 亚瑟（英国传说中的国王）

As You Like It 《皆大欢喜》

Asia 亚洲

B

Baba Yaga 芭芭雅嘎

'Baba Yaga and the Brave Youth' 《芭芭雅嘎和勇敢的青年》

'Babes in the Wood' 《林中的宝贝》

Bambi: A Life in the Woods 《小鹿斑比：林中生活》

Bandits on a Rocky Cliff 《礁石岸边的盗匪》

Bartlett, W. H. W. H. 巴特利特

Basile, Giambattista 詹巴蒂斯塔 · 巴西莱

bear 熊

Beaumont, Jeanne-Marie Leprince de 珍妮 - 玛丽 · 勒普兰斯 · 德博蒙

'Beauty and the Beast' 《美女与野兽》

Beauvarlet, Jacques Firmin 雅克 · 菲尔曼 · 博瓦莱

beech trees 山毛榉

Berlin, Brent 布伦特 · 柏林

Bettelheim, Bruno 布鲁诺 · 贝特尔海姆

Bibikhin, Vladimir 弗拉基米尔 · 比比科辛

Bierstadt, Albert 阿尔弗雷德 · 比尔斯泰特

Bilibin, Ivan 伊万 · 比利宾

black blood 黑色血液

Blind Man's Bluff 《摸瞎子》

Bolsheviks 布尔什维克

Bonaparte, Napoleon 拿破仑 · 波拿巴

Boucher 布歇

Boucher, François 弗朗索瓦 · 布歇

Boughton, George Henry 乔治 · 亨利 · 波顿

Bourdichon, Jean, 让 · 布尔迪雄

Brazil 巴西

Brecht, Bertolt, 贝托尔特 · 布莱希特

'Briar Rose' 《野蔷薇》

Bricriu's Feast 《布里克里乌的宴会》

Britain 英国

Bruegel the Elder, Pieter 老彼得 · 勃鲁盖尔

Bryant, William Cullen 威廉 · 柯伦 · 布赖恩特

Buffon, Georges-Luis Leclerc, Comte de 乔治 - 路易 · 勒克莱尔，布丰伯爵

C

D

E

F

G

Gilgamesh　吉尔伽美什

Gillray, James　詹姆斯 · 吉尔雷

Goethe, Johann Wolfgang von　约翰 · 沃尔夫冈 · 冯 · 歌德

Göring, Hermann　赫尔曼 · 戈林

Gothic forest　哥特森林

Grail　圣杯

Grandville, J. J.　J. J. 格朗维尔

Greece　希腊

Green Knight　绿骑士

green lion　绿狮

Green Party　绿党

Grimm, Jacob and Wilhelm　雅各布 · 格林和威廉 · 格林

H

'Hansel and Gretel'《汉塞尔与格蕾特》

Happy Hazards of the Swing《秋千的快乐危险》

Hawawa　哈瓦瓦

Heade, Martin Johnson　马丁 · 约翰逊 · 海德

Heart of Darkness《黑暗之心》

Hell, Bertrand　伯特兰 · 黑尔

Henry viii (king of Britain)　亨利八世（英国国王）

Heraclitus　赫拉克利特

Himmler, Heinrich　海因里希 · 希姆莱

Hitler, Adolf　阿道夫 · 希特勒

Holbein, Hans　汉斯 · 霍尔拜因

Holocaust　大屠杀

Homer　荷马

How Forests Think《森林如何思考》

Hubert, St　圣于贝尔

Humbaba　洪巴巴

hunt　狩猎

Hunting《打猎》

hunting frenzy　狩猎热

M

N

O

P

Popol Vuh 《波波尔乌》

Powers, Richard 理查德·鲍尔斯

President Pines 总统松

primeval forest 原始森林

Prometheus 普罗米修斯

Propp, Vladimir 弗拉基米尔·普洛普

Q

Quiche Maya 基切玛雅人

R

Rackham, Arthur 亚瑟·拉克姆

Radcliffe, Ann 安·拉德克利夫

Riehl, Wilhelm Heinrich 威廉·海因里希·里尔

Robin Hood 罗宾汉

Rococo forest 洛可可森林

Romance of the Forest 《林中浪漫史》

Rome 罗马

Roosevelt, Theodore 西奥多·罗斯福

Rosa, Salvador 萨尔瓦多·罗萨

Ruskin, John 约翰·拉斯金

Russia 俄国

S

Salten, Felix 费利克斯·萨尔腾

Salzburg Missal 《萨尔茨堡弥撒书》

Samson 森孙

sensitive plant 含羞草

'Sensitive' 《含羞草》

Shakespeare, William 威廉·莎士比亚

Shamash 沙玛什

T

U

V

W

Y

Yggdrasil　世界树

译者说明

1. 本书中提及的著作中有一些已经出了中文版，中文出版方出于市场和读者接受度等一些考量，有部分书籍所用的中文名并不忠于原名。而在本书的翻译过程中，译者认为书籍原名所包含的信息是有意义的，所以选择了直译。以下列出译者发现的已有中文版但与本书中译名不同的作品，方便读者延伸阅读。译名相同的作品未列出。

理查德·鲍尔斯《上层林冠》, The Overstory——《树语》（江苏凤凰文艺出版社 2021 年）

苏珊娜·西马德《寻找母亲树》Finding the Mother Tree——《森林之歌》（中信出版社 2022 年）

史蒂芬·桑德海姆《进入森林》（音乐剧）Into the Woods——《拜访森林》

2. 本书引用的诗文中有几首已经有比较经典的中文翻译版本，如济慈《夜莺颂》有查良铮译版，歌德《流浪者之夜歌》有宗白华、冯至等多版，华兹华斯《作于丁登修道院几英里之上的诗行》有王佐良版（《丁登寺》），莎士比亚戏剧有朱生豪版。译者对这些经典版本有所参考借鉴，沿袭了一定的句式结构和用词，但并没有直接引用前辈译文，而是出于本书语境的考虑，对很多细节采用了更直译的处理，原始引文非英文的内容会更加贴近原书的英文版译文（有些为作者自译），以便于传达作者的意图。在翻译过程中以传达信息为主要目的，没有追求押韵、节奏等。出于同样的考虑,《圣经》引文的翻译也没有严格按照现有中译版。

3. 德国作为国家实体以及其人民作为单一民族的认同感都是很晚才形成的，本书原文中的 German 在很多语境中都译作了日耳曼。实际上，日耳曼在地域概念上也大于现在的德国，在人口概念上大于现在的德国人，瑞士、奥地利、荷兰等多国都有一些地区和人口是“日耳曼的”。

royal 一词，严格来说是对应王国（kingdom），正确译法是“王室的”，但是，一方面本书并不是讨论政体和阶层的著作，原文中对这个词的使用也并没有那么严格，作者用它是泛指统治者相关的，其中也包括帝国的皇帝，另一方面出于翻译界长久以来的习惯和读者的理解方便，所以书中基本上都译作了“皇家的”。

图书在版编目（CIP）数据

魔法森林：诗意地构建时间开始之前的世界 / (美)博里亚·萨克斯著；王秀莉译. -- 北京：北京联合出版公司，2025. 5. -- ISBN 978-7-5596-8331-1

Ⅰ. S7

中国国家版本馆 CIP 数据核字第 2025L845X4 号

Enchanted Forests: The Poetic Construction of a World before Time by Boria Sax
First published by Reaktion Books, London, UK, 2023.

北京市版权局著作权合同登记　图字：01-2025-0893

魔法森林：诗意地构建时间开始之前的世界

作　　者：[美] 博里亚·萨克斯
译　　者：王秀莉
出 品 人：赵红仕
策划监制：王晨曦
责任编辑：孙志文
特约编辑：陈艺端
美术编辑：陈雪莲
封面设计：人马艺术设计·储平
营销支持：风不动

北京联合出版公司出版
（北京市西城区德外大街 83 号楼 9 层　100088）
北京联合天畅文化传播公司发行
上海盛通时代印刷有限公司印刷　新华书店经销
字数 290 千字　700 毫米 × 1000 毫米　1/16　19 印张
2025 年 5 月第 1 版　2025 年 5 月第 1 次印刷
ISBN　978-7-5596-8331-1
定价：128.00 元